전통자수 2

한국의 전통문양 수놓기

手作
느리게 만드는
특별한 이야기
11

전통자수 2
한국의 전통문양 수놓기

열 가지 자수 기법과 대표적인 전통문양으로 간단하게 만드는
나만의 소품 만들기

조희화 지음

팜파스

책머리에 °

지난 2020년 3월 첫 책을 내고 나서 약 4년이 흐른 시점에 두 번째 책을 쓰기 시작하게 되었습니다. 새로운 원고를 쓰면서 몇 년 전의 경험과 감정을 되살릴 수 있는 뜻깊은 시간을 보냈습니다. 개인적으로는 여전히 수를 놓고 있다는 사실만으로도 행복한데, 제 작품을 함께 즐기고 응원해주시는 분들까지 계셔서 더욱 감사함을 느낍니다. 책을 쓰다 보면 혹여 당연하게 여기고 간과하는 부분이 있지 않을까 걱정이 되기도 합니다. 그럴 때마다 많은 분들로부터 받아왔던 다양한 질문들이 큰 도움이 되었습니다. 누군가를 가르치면서 그보다 더 많이 배우는 경험을 할 수 있게 해주신 분들께도 다시 한번 감사의 마음을 전합니다.

첫 번째 책인《전통자수 – 한국의 기본자수 배우기》는 자수 초보자의 첫걸음을 함께하는 기초 안내서이자 자수 기법을 조금 더 깊게 이해하고 싶은 분들을 위해 다소 심화한 내용도 포함하고 있었습니다. 이번《전통자수 2 – 한국의 전통문양 수놓기》에서도 전통자수를 이 책으로 처음 접하는 분들을 위해 준비 과정과 기초기법 등의 기본을 다루고 있습니다. 특히 활용도가 높은 열 가지 기법을 익히고 대표적인 전통문양을 사용한 열 가지 작품을 연습할 수 있도록 구성하였습니다. 완성된 작품은 간단한 부재료로 마무리하여 일상에서도 부담 없이 자수를 즐길 수 있는 데에 초점을 맞추었습니다.

바늘과 실은 작고 가늘어서 마음처럼 움직이지 않을 때가 많습니다. 그리고 사람마다 작업 환경과 손의 움직임도 모두 다르기 때문에 무언가를 설명할 때 항상 같은 기준을 두기 어렵기도 합니다. 그러니 이 책에 긴 설명이 적혀 있더라도 어떤 때에는 과감히 무시하거나 조금은 다른 모험을 해보는 것 또한 하나의 좋은 방법이 될 것입니다. 수를 놓는 데에 정해진 답이 없고 기술적으로 완벽해야만 가장 멋지고 좋은 수가 되는 것은 아니라는 점을 기억하면 좋겠습니다. 완벽한 비율로 매끄럽게 다듬어진 조각상도 멋있지만 거칠고 형체를 알기 어려운 그림도 사랑받는 것처럼 말입니다.

책 제목에 나타나듯이 이 책은 자수 기법 외에도 전통문양을 알아보는 것을 주제로 하였습니다. 우리 전통문양의 큰 주제는 삶에 대한 애정과 염원입니다. 장수와 행복, 부귀, 평안 등 바라는 모습과 상징은 조금씩 달라도 모두 행복한 삶을 그리고 있습니다. 수는 귀한 물건에 놓여 특별한 날을 기념하기도 하고 매일 손과 눈길이 닿는 물건에 놓여 일상 속에 좋은 기운을 스미게도 합니다. 아마도 책으로 수를 놓는 방법은 기술할 수 있어도 수에 담긴 마음은 설명할 길이 없을 것 같습니다. 대신 함께 첫 땀, 첫 작품을 놓아보는 것으로 그 마음을 공유할 수 있으면 좋겠습니다.

이 책은 크게 세 부분으로 구분됩니다. 첫 번째 장 '전통자수 기초 배우기'에서는 재료와 도구 준비에서부터 수틀에 원단을 매고 떼는 법, 그리고 열 가지 종류의 자수 기법이 소개되어 있습니다. 기초부터 차근차근 시작하고 싶다면 첫 장부터 읽어나가면서 필요한 것도 구매하고 작업할 공간과 시간도 생각해봐야 할 것입니다. 재료를 소개할 때 대체품이 있으면 함께 적어 놓았으니 처음부터 너무 많은 재료를 사지 않도록 합시다. 기초기법을 연습할 때에는 세세한 설명을 모두 이해하려 하기보다 전체적인 흐름을 읽는 방향으로 접근하는 것이 좋습니다. 그러고 나서 직접 바늘땀을 놓아본 뒤에 다시 설명을 보면 이해하는 데에 더 도움이 될 것입니다. 각 기법의 마지막 장에 '한 땀 더 나아가기'에서는 수를 놓다가 궁금하거나 막히는 부분이 있을 때 도움이 될 만한 내용을 적어 놓았습니다.

이 책의 핵심인 두 번째 장 '전통문양 수놓기'에는 한국자수에 자주 사용되는 전통문양을 주제로 총 열 점의 작품이 수록되어 있고, 도안과 기법 그리고 순서 등이 설명되어 있습니다. 작품마다 표시되어 있는 예상 작업 시간과 난이도를 참고하여 본인의 진도에 맞게 연습 작품을 고를 수 있습니다. 여러 점이 한 쌍으로 이루어진 작품은 그중에 원하는 몇 개만 골라 새로운 작품을 만들어보는 것도 좋습니다. 중간중간 숨어 있는 '한 땀 쉬어가기'와 '한 땀 알아가기'에서는 사소하지만 유용한 내용과 전통문양에 대한 소개를 다루었습니다. 특히 여러 가지 문양의 의미와 쓰임새에 대한 설명은 직접 수를 놓지 않는 사람에게도 흥미로운 읽을거리가 될 것입니다.

마지막 세 번째 장 '작품 꾸미기'에서는 앞에서 작업한 수를 완성된 형태의 작품으로 꾸미는 방법이 소개되어 있습니다. 실생활에서 가까이 두고 보기 좋은 형태의 소품을 혼자서도 마무리할 수 있도록 간소한 재료와 간단한 방식을 선택했습니다. 그러나 보자기나 주머니와 같이 전통적인 소품을 만들고 싶다면《전통자수-한국의 기본자수 배우기》나 규방공에 관련 책을 참고하실 수 있습니다. 그리고 그러한 경우에는 작품에 맞게 도안이나 원단의 크기와 모양, 위치를 조정해서 활용하시길 바랍니다.

처음 전통자수에 도전하는 초급자라면

재료 준비부터 수틀 매는 법, 바늘땀 놓는 법까지 책을 따라가면서 기초기법을 두세 가지만 먼저 익혀보세요. 그러고 나서 나머지 기법을 배우기 전에 두세 가지 기법만으로 만들 수 있는 간단한 작품을 연습해보세요. 작은 작품이더라도 하나를 완성하고 나면 손끝의 감각도 살아나고 작업하는 데에 어느 정도의 시간과 노력이 들어가는지에 대한 감이 생길 것입니다. 그다음부터 다른 기법들도 몇 개씩 배우면서 단계에 맞는 작품을 찾아 난이도가 낮은 순서대로 연습하는 것을 추천합니다. 꼭 책에 쓰인 순서대로 기초기법 진도를 나가지 않아도 괜찮습니다. 원하는 작품에 사용된 기법만 골라서 연습할 수도 있습니다.

이미 기초기법은 익숙한 중상급자라면

재료 소개나 기본적인 기법 설명은 건너뛰고 먼저 작품들을 훑어보세요. 그중 가장 마음에 드는 작품을 골라 바로 작업을 시작해봅시다. 책에 사용된 기법 대신 평소에 더 좋아하는 기법으로 바꾸어 놓기도 하고 도안의 구성을 바꾸거나 완성된 작품을 다르게 꾸미는 등 나만의 새로운 작품을 만드는 것도 재미있을 것입니다. 책에 나온 작품이 기존에 하고 있던 작업이나 앞으로 하고 싶은 작업과 유사하다면 도안이나 기법, 색감을 참고하는 용도로도 활용해보세요.

수놓는 것보다 작품 감상에 더 관심이 많다면

두 번째 장인 '전통문양 수놓기'를 먼저 펼쳐서 순서대로 읽거나 눈길이 먼저 가는 작품부터 읽어보세요. 글을 읽지 않고 그림책을 보듯이 사진이나 그림만 보아도 볼 때마다 새로운 것을 느낄 수 있을 것입니다. '이런 건 어떻게 놓는 거지?' 하는 호기심이 생긴다면 그때 기법에 대한 설명으로 넘어가보세요. 모든 공예가 그렇듯 보이지 않는 곳에 더 많은 노력이 숨어 있을 때가 많습니다. 그리고 책에 소개된 전통문양은 자수에서뿐만 아니라 서화, 도예, 목공예 등 우리나라 전통공예 전반에 걸쳐 두루 나타나기 때문에 문양에 대한 설명만 골라 보는 것도 좋습니다.

목차
。

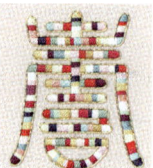

1장。전통자수 기초 배우기

149 159 179 187 195

1장.

전통자수 기초 배우기

기초 1

준비하기

책머리에서 이야기한 바처럼 이 책은 수놓기를 좋아하는 분이라면 누구나 즐길 수 있도록 만든 책입니다. 특히 전통자수에 관심은 많지만 선뜻 시작하기 어려움을 느끼는 분이나 가벼운 마음으로 취미 자수를 즐기고 싶은 분들을 위해서 재료 준비부터 작품을 완성하기까지 단계별로 상세한 설명을 넣었습니다. 하지만 준비물 목록이나 설명이 길다고 해서 반드시 모든 것을 갖추어야 하는 것은 아닙니다. 이미 가지고 있거나 근처에서 쉽게 구할 수 있는 대체재가 있으면 최대한 그것을 활용하시기를 바랍니다. 몇 번의 시도 후에 만일 자수가 나와 맞지 않는다는 것을 알았을 때 집안 어느 한구석에 남아 있는 재료들을 보면 시작의 즐거움보다 끝내지 못한 아쉬움이 더 커질 수도 있습니다. 그렇기 때문에 처음부터 재료와 도구를 너무 많이 구매하지 않는 것을 추천합니다. 주요 재료인 원단과 실은 다른 것보다 비중을 두어 설명하고 나머지 도구는 간단히 소개하였습니다. 이 장의 마지막에는 구매 방법과 대체할 수 있는 재료에 대한 정보를 한눈에 보기 쉽게 정리해 놓았습니다.

1. 재료와 도구 소개

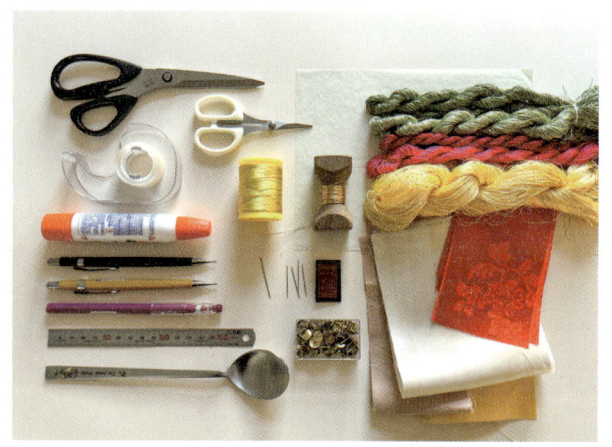

재료: 원단, 자수실

도구: 바늘, 가위, 수틀, 목공용 풀, 압정, 자, 볼펜, 도안, 먹지, 쇠숟가락, 밀가루 풀

∞ 원단

이 책에서 주로 사용하는 원단은 견직물과 면직물 두 가지이지만, 그 밖에 모직물이나 마직물, 합성직물 등도 사용 가능합니다. 그리고 어떤 원단이든 다음과 같은 요건을 충족하면 기본적으로 수놓기에 적합합니다.

• 조직이 촘촘하다.
레이스나 망사 원단처럼 조직의 밀도가 성글면 바늘땀을 원하는 위치에 고정하기 어렵고 바늘을 당길 때마다 조직이 비뚤어진다.

• 너무 두껍지 않다.
원단이 청바지처럼 두꺼우면 손으로 바늘을 찔러넣기가 어려울뿐더러 부드러운 자수실이 거친 원단 사이를 오가는 동안 생기는 마찰로 인해 손상되기 쉽다.

• 너무 얇지 않다.
원단이 비쳐 보일 정도로 얇으면 수를 튼튼히 고정하기 어렵다. 그리고 원단의 뒷면에 오는 실밥이 앞면으로 비쳐 보이기 쉽다.

• 당겼을 때 거의 늘어나지 않는다.
스판덱스가 들어간 직물이나 티셔츠 원단 같은 편물은 신축성 때문에 원단을 안정적으로 고정하기 어렵고, 바짝 당겨 고정하더라도 나중에 수틀에서 떼어내고 나면 원단이 다시 수축하면서 수를 놓은 부분이 우글거린다.

그리고 초보자라면 추가적으로 다음의 내용도 참고하시면 좋습니다.

• 옅은 색보다는 조금 진한 색 원단을 선택한다.
흰색이나 옅은 색 원단에는 도안을 옮겨 그리거나 수를 놓는 동안 얼룩이 묻거나 때가 타기 쉬우므로 주의가 더 필요하다.

• 전체적으로 많은 무늬가 들어간 원단은 피한다.

복잡한 무늬와 색상 위에 도안을 그리면 도안선이 헷갈리고 눈의 피로도도 높아진다.

작품에서 다루는 견직물로는 무늬가 들어가지 않은 비단과 무늬가 들어간 비단이 있고, 면직물로는 30수 면 또는 광목이 있습니다. 흔히 비단이나 견, 실크 등으로 다양하게 불리는 견직물은 직조 방법이나 원산지 등에 따라 이름과 종류가 아주 다양합니다. 그중 이름이 '단'으로 끝나는 종류는 보통 조직이 촘촘한 편이어서 수를 놓는 데 많이 쓰입니다. 누에고치에서 뽑아낸 견사를 직조하여 만든 이 천연섬유는 은은한 광택과 부드러운 촉감이 가장 큰 특징입니다. 다만 가격이 높은 편이고 세탁이 까다롭다는 단점이 있습니다.

합성섬유 중에 비스코스 레이온이나 폴리에스터와 같은 소재는 견직물과 비슷한 느낌을 내면서 가격은 훨씬 저렴한 편입니다. 섬유가공 기술력이 발전하면서 천연실크와 구분하기 어려운 것도 있지만 둘을 나란히 놓고 비교해보면 대부분 천연실크의 광택과 촉감이 더 부드럽고 색감도 자연스러워 보입니다. 그 밖에 내구성을 고려하여 천연실크와 합성섬유를 섞어 만든 원단도 있습니다. 작품의 용도와 개인적 취향을 고려하여 원단을 선택하고 가능한 한 실물을 직접 보고 고르는 것이 좋습니다.

| 무문단(공단) | 모란문단 | 운문단 |
| 연화문단 | 도류불수문단 | 명주 |

면(광목)

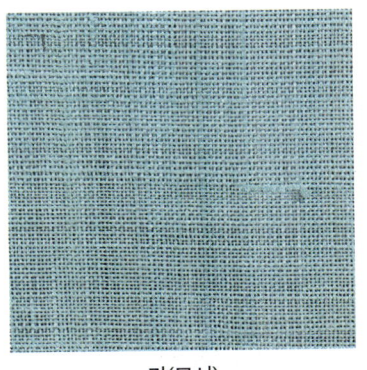

마(모시)

인조비단(폴리에스터)

비단의 종류 중 무늬가 없는 것은 보통 무문단 또는 공단이라고 하고, 무늬가 있는 것은 무늬의 이름을 따서 모란문단(모란무늬 비단), 운문단(구름무늬 비단), 연화문단(연꽃무늬 비단), 도류불수문단(복숭아, 석류, 불수감 무늬 비단)처럼 부릅니다. 비단 다음으로 많이 사용되는 견직물로는 명주가 있는데, 비단보다 조직의 밀도가 성근 편이어서 직물의 질감이 더 잘 느껴지고 광택도 한층 더 은은합니다.

현재까지 남아 있는 우리 자수 유물을 보면 열에 아홉이 견직물에 견사로 이루어져 있기 때문에 그다음으로 많이 사용되는 소재를 나열하기가 어렵지만, 굳이 꼽자면 면직물이 아닐까 싶습니다. 무명이나 광목 등의 면직물은 비교적 흔하게 구할 수 있는 원단이었고 수를 놓을 만큼 귀하게 쓰이는 소재는 아니었지만 상황에 따라 사용되었을 것으로 보입니다. 그 밖에 마직물은 보통 성글게 직조하여 시원함을 주는 여름 옷감이기 때문에 수를 놓기에 아주 적합하지는 않으나 원하면 수를 놓을 수도 있었습니다. 모직물은 과거 한국에서 견직물에 비해 흔하지 않은 소재였지만 사용된 예가 없지는 않습니다.

유물에서 많이 보이는 전통적인 질감과 색감을 재현해보고 싶다면 견직물을 사용하는 것이 좋습니다. 만약 조금 더 담백하고 현대적인 느낌을 살리고 싶거나 실용성을 더하고 싶다면 면직물을 추천합니다. 앞서 얘기한 것처럼 조직이 촘촘하면서 너무 두껍지도 너무 얇지도 않은 20~30수* 전후 정도의 면을 사용하면 부담 없이 수를 놓을 수 있을 것입니다(*수: 실의 굵기 단위. 보통 10수, 20수, ……, 60수 등으로 나뉘는데 숫자가 클수록 가늘고, 가는 실로 만든 원단일수록 얇고 부드럽다). 다만 면은 원단 조직이 비단에 비해 성글어서 바늘땀을 정교하게 놓기에 용이한 편은 아닙니다.

원단의 앞면과 뒷면

• 원단의 앞뒷면 구분하는 법

무늬가 없는 면직물이나 마직물, 그리고 견직물 중에서 명주는 원단의 앞뒤 구분을 하지 않을 정도로 비슷한 반면, 비단의 경우에는 무늬의 유무와 상관없이 원단의 앞뒤가 구분됩니다. 일반적으로 비단의 앞뒤를 구분하는 방법은 다음과 같습니다.

- 원단의 식서(원단의 양쪽 가장자리에 올이 풀리지 않도록 마감 처리된 부분, 32쪽 참조)에 글씨가 새겨져 있을 때 글씨가 올바로 읽히는 쪽이 앞면이다.
- 무늬가 없는 무문단은 앞면의 조직과 광택이 더 매끄럽고 부드럽다.
- 무늬가 있는 문단은 앞면에서 무늬가 없는 바탕 부분이 무늬가 있는 부분보다 더 매끄럽고 부드럽고 뒷면은 그 반대이다.

∞ 자수실

원단과 마찬가지로 실의 종류도 소재별로 나눌 수 있습니다. 견사, 면사, 모사, 합성사, 금속사 등 다양한 소재의 실을 사용할 수 있지만, 이 책에서는 전통자수의 주재료인 견사와 금속사를 사용하였습니다.

명주실

비단실, 명주실, 실크사 등으로도 불리는 견
사는 견직물과 마찬가지로 은은하고 고급스
러운 광택과 부드러운 촉감을 가지고 있습니
다. 견사는 우리나라를 포함하여 동아시아의
나라들이 전통적으로 가장 많이 사용해온 재
료이고, 전 세계적으로도 고급 자수의 재료로
사용되어왔습니다. 그중에서도 우리나라 자
수만의 멋을 살리는 데에는 두 올을 꼬아 만
든 꼰사가 큰 역할을 합니다. 견이라는 소재
와 꼬임이라는 형태가 만나 독특한 질감과 깊

실타래

이 있는 색감을 보여주며 섬세하고 다양한 표현을 가능하게 합니다.

꼬임이 들어간 실은 꼰사, 꼬임이 없는 실은 푼사라고 부르는데, 전통적으로 가장 많이 사용하는 것은 단연코 꼰사입
니다. 꼰사는 꼬임의 정도에 따라 다시 꼰사와 반꼰사 또는 반푼사로 나뉘는데, 명확한 수치나 기준이 있는 것은 아닙
니다. 눈으로 보았을 때 꼬임이 많아 실에 힘이 있고 꼬인 마디가 촘촘할수록 꼰사에 가깝습니다. 꼬임이 성글어 마디
의 간격이 넓고 쉽게 풀릴 것 같아 보이면 반꼰사나 반푼사라고 할 수 있습니다. 이 책의 작품에서는 모두 명주실 꼰
사를 사용하였지만 어떤 종류의 실이든 사용 가능합니다. 견사를 대신하여 비스코스 레이온이나 폴리에스터로 만든
자수실도 있고 구매하기에 더 수월한 면사나 모사도 있으니 취향과 상황에 맞춰 선택하시길 바랍니다.

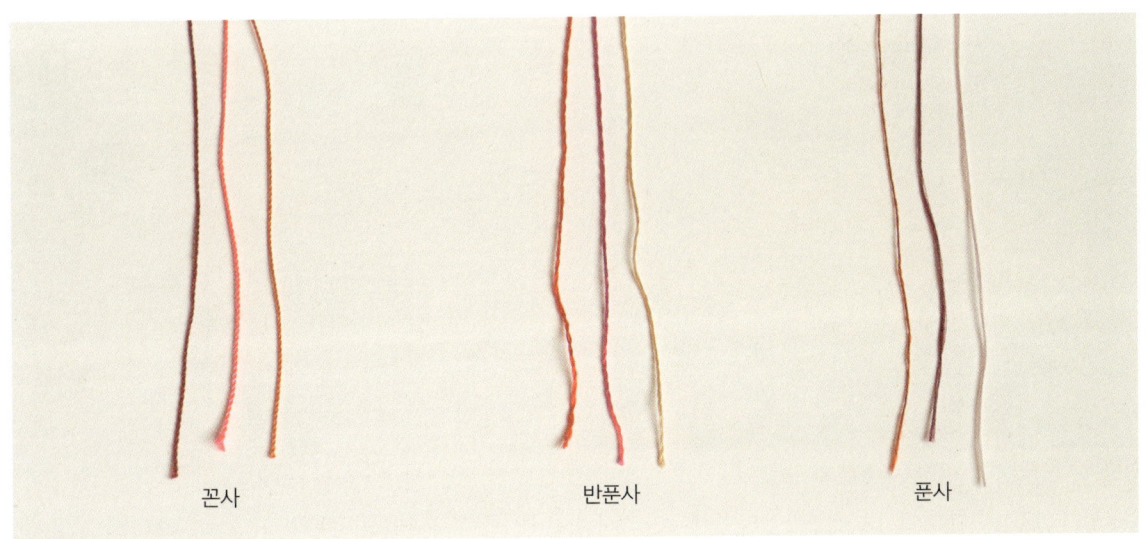

꼰사   반푼사   푼사

같은 양의 실을 꼬아서 한 가닥의 실을 만들면 꼰사가 반푼사에 비해 가늘어 보입니다. 꼬임을 많이 줄수록 섬유의 밀도가 높아지고 서로 밀착하기 때문입니다. 하지만 실의 너비가 좁아지는 대신 두께가 두꺼워지고 실에 힘이 생기면서 수를 놓았을 때 입체감을 줍니다. 반대로 반푼사는 너비는 넓어 보이더라도 두께가 얇기 때문에 실에 힘이 덜하고 수의 입체감은 줄어듭니다. 실에 꼬임이 적을수록 수의 표면이 더 매끄러워 보이고, 부스스한 질감 때문에 바늘땀이 약간 비뚤어져도 크게 티가 나지 않는다는 장점이 있습니다. 그에 비해 실에 꼬임이 많을수록 한 가닥 한 가닥이 뚜렷하게 구분되기 때문에 땀의 위치를 더 정확히 놓아야 할 때가 많습니다.

실이 꼬인 정도에만 집중해 보아도 우리 자수 유물을 감상하는 데에 큰 재미를 느낄 수 있습니다. 전통적으로 한국자수는 크게 두 가지로 구분되는데, 왕실이나 높은 지위에 있던 사람들을 위한 수를 궁중자수, 그 밖에 민간인 누구나 즐기고 사용하던 수를 민간자수로 분류합니다. 궁중자수와 민간자수 모두 견직물에 꼰사인 견사를 사용한 점은 비슷하지만 궁중자수는 주로 꼬임이 많은 꼰사를 사용하여 정교한 기법과 숙련된 솜씨를 드러냅니다. 궁중에서는 누가 놓더라도 균일한 결과물을 만들 수 있도록 단련된 전문가가 있었고, 정교한 꼰사를 만드는 데에도 충분한 시간과 노동력을 쓸 수 있었을 것입니다. 반면에 민간자수는 꼬임이 많은 것에서부터 적은 것까지 다양한 실을 사용하며 놓는 사람마다 개성이 다른 땀을 보여줍니다.

시간이 흘러 실에 대한 선택은 이제 취향의 차이로만 남아 있으니, 실의 종류나 형태는 어느 것이든 마음에 드는 것으로 시작해보시길 바랍니다. 처음에 어느 것으로 시작할지 아직 감이 오지 않는다면 아래와 같이 각각의 실로 놓인 유물과 작품들을 먼저 살펴본 후 마음을 정해봅시다.

꼰사로 놓은 수

반푼사로 놓은 수

견직물에 견사로 수를 놓으면 바탕과 자수가 모두 같은 견 소재인 만큼 전체적인 질감과 분위기에 통일감을 주는 것은 물론, 더 나아가 습도나 기온, 조도 등의 환경에 비슷한 반응을 보여줄 것입니다. 반대로 예를 들어, 광택이 덜한 면직물에 견사로 수를 놓으면 광택과 색감의 깊이가 더 큰 자수 부분에 시선이 더 가게 할 수도 있습니다.

금사

견사만으로도 충분히 멋진 수를 완성할 수 있지만, 반짝이는 금사와 은사의 매력은 또 색다릅니다. 사용 방법에 따라 함께 사용된 견사를 더 돋보이게 할 수도 있고 화려함을 더할 수도 있습니다. 금은사는 견사로 수를 다 놓은 후 마무리 단계에서 자수 전체나 일부분의 테두리를 두르는 데에 많이 사용됩니다. 하지만 어떤 때에는 주재료가 되어 금은사만으로 수를 놓기도 합니다. 이 책에서 금은사만 주재료로 사용하는 작품은 없으니 반드시 처음부터 준비해야 하는 재료는 아닙니다.

금사

금색이나 은색 등 금속 색상을 가진 실도 소재와 만드는 방법에 따라 그 종류가 매우 다양합니다. 전통자수에 사용되는 금속사는 대부분 금은박을 입힌 얇은 종이띠가 내부의 심지를 돌돌 감고 있는 모양입니다. 아주 오래전에는 순금을 얇게 펴거나 순금이 함유된 금박지를 만들어 사용하였지만, 요즘 시중에 판매되는 것은 대부분 인조금박으로 만들어졌습니다. 얇은 종이가 감싸고 있는 형태 때문에 이런 금사를 사용하는 방법은 일반실과 조금 다릅니다. 만일 금은사를 바늘에 꿰어 바느질한다면 금박 종이는 구겨지거나 찢어지고 그 속의 심지와 분리되어 결국에는 못 쓰게 될 것입니다. 그래서 보통 금은사는 직접 바느질하지 않고 대신 바느질이 가능한 다른 실을 이용하여 원단에 고정합니다. 이 방법은 뒤에 설명되는 열 가지 기초 자수 기법 중 맨 마지막 순서인 '징금수'에서 다루겠습니다.

금사와 은사

금속사의 색상은 금색과 은색이 가장 전통적이고 기본적이지만, 요즘에는 동색을 비롯해 빨강이나 파랑, 분홍 등 다채로운 색도 보입니다. 또 같은 금색이더라도 어떤 것은 더 밝거나 어둡고 어떤 것은 광택이 강하거나 무광으로 되어 있는 등 종류가 다양합니다. 그렇기 때문에 원하는 색이 있다면 실제 눈으로 보고 고르는 것이 좋습니다. 실의 굵기는 보통 호수로 구분하고 숫자가 높을수록 굵은 것이 일반적입니다. 하지만 번호를 매기는 체계가 생산자나 판매처에 따라 다를 수 있으므로 실제 굵기를 확인한 후 구매하도록 합니다. 보통 1~3호는 일반 바느질실과 비슷할 정도로 가는 편이고, 5~7호는 자수실 굵기 정도, 10호 이상은 너비가 1mm 이상으로 굵어집니다. 실의 굵기가 굵을수록 금박지의 폭이 넓고 내부의 심지도 굵어서 전체적으로 더 뻣뻣한 느낌이 있습니다.

∞ 바늘

수를 놓을 때 가장 큰 역할을 하는 도구인 바늘을 적절히 선택하는 것이 중요합니다. 기본적으로 자수실을 바늘귀에 꼭 맞게 뗄 수 있는 바늘이라면 어느 것을 사용해도 괜찮습니다. 바늘이 가늘고 짧을수록 바늘땀을 섬세하게 조절하기 좋으며 원단에 큰 구멍을 내는 것을 피할 수 있습니다. 꼰사처럼 가는 실을 사용할 때는 바늘의 굵기가 실만큼 가늘고 길이는 손가락 두 마디보다 짧은 것을 추천합니다. 바늘귀는 자수실이 겨우 통과할 수 있을 정도로 작고 좁은 것이 좋습니다. 자수용 바늘 외에도 반짇고리에 들어 있는 일반 바느질용 바늘이 필요할 때도 있습니다.

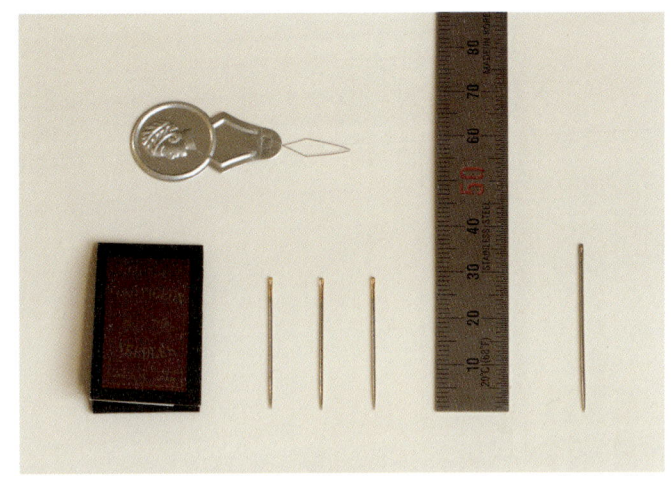

바늘

∞ 가위

용도에 따라 원단가위와 실가위가 따로 있으면 좋겠지만 잘 드는 가위라면 어느 가위든 좋습니다. 적당한 크기의 문방용 가위는 두루두루 사용하기에 좋고 쪽가위나 눈썹 정리용 가위를 실가위로 사용해도 됩니다. 원단가위를 쓸 때에는 가윗날을 보호하기 위해서 종이나 플라스틱 등에는 사용하지 말고 원단이나 실 등 섬유를 자르는 데에만 사용합니다.

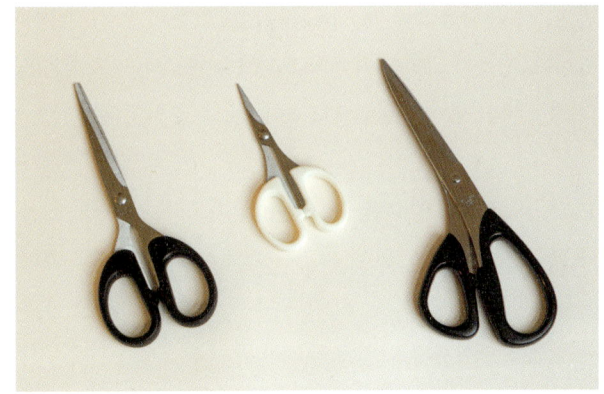

가위

∞ 수틀

수틀

수틀의 형태에 따라 원단을 고정하는 방법도 달라지는데, 전통자수에서는 주로 네모난 액자형의 나무틀을 사용합니다. 원단의 사방에 끈을 달아 운동화 끈을 조이듯이 고정하는 오래된 방식도 있지만, 요즘에는 목공용 풀과 압정 등을 사용하여 과정이 비교적 간단해진 편입니다. 압정을 꽂을 수 있는 나무틀이라면 어떤 것이든 사용할 수 있습니다. 일반적으로 그림을 그릴 때 사용하는 캔버스 틀이 수틀로 많이 사용되고, 그 밖에 쓰지 않는 나무 액자를 활용할 수도 있습니다. 수틀의 크기는 작품의 크기보다 가로와 세로 방향 모두 10cm 이상 여유 있는 것을 고릅니다. 하지만 작품마다 그에 맞는 새 수틀을 살 필요는 없고, 주로 작업하는 작품의 크기를 아우를 수 있는 한두 개면 적당합니다.

수틀이라고 하면 동그란 수틀을 먼저 떠올리는 사람도 많을 것입니다. '후프(hoop)'라고도 불리는 원형 수틀은 서로 꼭 맞물릴 수 있게 만든 한 쌍의 수틀로, 추가적인 도구 없이 두 후프 사이에 원단을 끼워 넣어 고정하기 때문에 네모 수틀에 비해 간편합니다. 그 밖에 다른 형태의 수틀로는 주로 큰 작업을 할 때 원단을 두루마리처럼 말았다 풀었다 할 수 있는 조립식 수틀도 있고 윗면이 뚫린 책상 같은 수틀 거치대도 있지만 이 책에 수록된 작품을 만드는 데에는 크게 필요하지 않습니다.

전통자수를 할 때 원형 수틀보다 네모난 수틀을 주로 사용하는 가장 큰 이유는 사용하는 원단에 있습니다. 견직물은 면직물이나 마직물에 비해 표면이 매끄럽고 마찰력이 낮아서 틀 사이에 끼워 넣는 것만으로는 팽팽하게 고정하기 어럽습니다. 아무리 처음에 단단히 당겨 놓아도 작업을 하는 동안 계속 움직이거나 느슨해질 것입니다. 뿐만 아니라 원형 수틀은 작업에 필요한 양의 원단보다 더 많은 여분을 필요로 하고 둥근 테에 원단을 고정하면 테두리를 따라 원단에 구김이 심하게 생기는 점 모두 견직물을 사용하기에 좋지 않습니다. 반대로 네모 수틀에 풀과 압정 등을 사용해 원단을 붙인 경우에는 구겨지는 부분 없이 원단을 효율적으로 쓸 수 있으며 몇 개월, 몇 년 동안이라도 거의 변함없이 팽팽함을 유지할 수 있습니다.

나중에 수틀 매는 법을 설명할 때 다시 다루겠지만, 기본적으로 원단의 소재나 수틀의 형태와 상관없이 수를 놓을 때에는 원단을 평평하고 고르게 둔 채 작업하는 것이 좋습니다. 그렇지 않으면 수를 놓을 때마다 원단의 결과 도안이 뒤틀리기 쉽고 수를 다 놓은 뒤 수틀에서 원단을 떼어내면 바늘땀을 세게 당긴 부분이 우글거리게 됩니다. 이런 점을 고려하여 견직물에 장시간 작업을 할 때에는 번거롭더라도 네모 수틀에 원단을 매는 것을 추천합니다. 만일 잘 미끄러지지 않는 원단에 단시간 동안 하는 작업이라면 원형 수틀을 사용해도 괜찮습니다.

∞ 목공용 풀과 압정, 쇠숟가락

수틀에 원단을 단단히 고정할 때 필요합니다. 목공용 풀 대신 고체 풀을 쓸 수도 있는데, 원단이 수틀에 잘 붙는지 먼저 시험해보는 것이 좋습니다. 압정은 머리 부분이 납작한 것을 고릅니다. 쇠숟가락은 수틀에 박은 압정을 떼어낼 때 지렛대처럼 사용합니다.

목공용 풀, 압정, 숟가락

∞ 밀가루 풀

밀가루를 갠 물을 끓여 만든 풀은 수를 완성한 후 고정력을 높이고 뒷면을 깔끔하게 정리하는 데에 사용됩니다. 요리할 때 많이 사용하는 일반 밀가루를 사용하고, 그 밖에 쌀가루나 찹쌀가루 등 찰기가 있는 재료를 사용해도 됩니다. 문방풀이나 도배풀 또는 물풀 등 시중에 판매되는 풀로 대체할 수도 있고 풀 바르는 과정을 생략해도 큰 문제는 없습니다.

밀가루풀

∞ 테이프, 자, 색 볼펜, 연필 또는 색연필

특별히 수예용으로 나온 제품이 아니라 일반적인 문구와 필기도구만 있어도 충분합니다.

자, 볼펜, 색연필, 샤프

∞ 도안과 먹지

바탕 원단 위에 바로 도안을 그릴 수도 있지만 종이에 먼저 그리거나 인쇄된 도안을 사용하면 같은 도안을 여러 번 작업하기에 편하고 좀 더 정확한 도안을 그릴 수 있습니다. 도안을 먹지 위에 대고 따라 그리면 도안선이 원단에 옮겨지는데 이때 먹지는 흰색 복사용 먹지를 가장 추천합니다. 특히 밝은 색의 원단일수록 진한 색 먹지는 피하는 것이 좋습니다. 잘못 그린 선을 수정하기 어렵고 먹지에 묻어 있는 가루가 떨어져 나오면서 원단이 얼룩질 수 있기 때문입니다.

∞ 두꺼운 책

수틀에 고정한 원단 위에 도안을 옮겨 그릴 때 원단이 수틀 두께만큼 공중에 떠 있으므로 책같이 두껍고 평평한 물건을 받침대로 사용합니다. 또한 나중에 수를 놓을 때 손으로 수틀을 잡지 않아도 고정될 수 있도록 수틀 위에 얹어 놓는 용도로도 필요합니다.

모든 재료는 온라인으로도 구매할 수 있지만 색상이나 질감이 중요한 원단과 실 같은 재료는 직접 보고 구매하는 편이 좋습니다. 작업을 처음 시작할 때부터 너무 많은 재료를 한꺼번에 구매하기보다는 단계별로 필요한 만큼만 준비하고, 가지고 있는 물건 중에 대체할 수 있는 품목이 있다면 최대한 있는 것을 활용하도록 합니다.

구매하는 방법

비단, 명주

원하는 색상과 무늬를 골라 필요한 만큼 구매한다.
원단의 폭은 30cm부터 100cm 이상까지 원단마다 다르므로 미리 확인한다.
판매 단위는 '마' 또는 '야드(yard)'(둘 다 약 90cm)를 쓰고, 일반적으로 1마부터 마 단위로 구매 가능하다.

구매처: 서울 광장시장 한복부 원단 상가
대체재: 폴리에스터 원단, 나일론 원단, 선물 포장용 보자기 등

면, 광목

보통 100cm 이상의 넓은 폭으로 되어 있고 마 단위로 구매한다.
20~30수(숫자가 클수록 원단이 얇은 편이다) 정도의 원단이 적합하다.

구매처: 서울 광장시장, 동대문종합시장 원단 및 부자재 상가
대체재: 안 입는 면 셔츠, 면 손수건 등

명주실

꼰사인지 반푼사인지 확인하고 필요한 색상을 고른다.
상점마다 정해진 묶음이나 무게 단위로 판매한다.
실의 양은 실의 길이나 가닥 수보다 전체 중량을 고려한다.

구매처: 서울 종로5가역 지하상가, 광장시장 전통 수예점
대체재: 면실, 털실 등

금사

금사나 은사의 색상과 굵기(숫자가 클수록 실이 굵다)를 확인한다.
소량으로 살 수 있는 금사의 종류는 제한적이지만 대부분 가장 많이 사용되는 굵기를 판매하고 있다.
처음부터 대량의 한 묶음(보통 1,000m 단위)을 사지 않도록 주의한다.

구매처: 서울 종로5가역 지하상가, 광장시장 전통 수예점

자수바늘

자수용 바늘 또는 퀼트용 바늘 중 길이가 짧고(2.5~3.0cm) 굵기가 가늘며(약 0.5~1.0mm) 바늘구멍이 작고 좁은 것(약 0.5mm)을 고른다.
바늘의 호수는 제조사와 용도마다 다른 체계를 가지고 있으므로 실물 크기를 확인한다.

구매처: 수예용품점, 생활용품점

일반바늘	일반적으로 가정용 또는 휴대용 반짇고리에 들어 있는 손바느질용 바늘을 사용한다.
	구매처: 수예용품점, 생활용품점

원단가위	재단가위, 재봉가위 등으로도 불린다. 특별히 원단을 자르는 용도로 만들어졌다.
	구매처: 수예용품점, 생활용품점, 문구점
	대체재: 문구용 가위, 주방용 가위

실가위	자수가위, 수예가위 등으로도 불린다. 실을 자르는 용도의 작은 가위다.
	구매처: 수예용품점, 생활용품점, 문구점
	대체재: 문구용 가위, 쪽가위

수틀	캔버스가 씌워지지 않은 나무 캔버스 틀을 구매한다.
	표면이 거친 소나무보다 매끄러운 참나무로 만들어진 것이 좋고, 모서리 연결 부분이 스테이플러 없이 짜맞추어 조립되어 있는 것(속칭 '정확구')이 좋다.
	수틀의 형태와 크기는 캔버스 호수 체계를 참고한다.
	구매처: 화방
	대체재: 사용하지 않는 나무 액자 틀

목공용 풀	원단, 목재, 가죽 등에 사용하는 불투명한 흰색의 풀이다.
	사용량이 많지 않기 때문에 작은 크기의 제품 하나로도 여러 번 사용할 수 있다.
	구매처: 문구점, 생활용품점

압정	머리 부분이 납작한 것을 고른다. 여러 번 재사용할 수 있다.
	구매처: 문구점, 생활용품점

쇠숟가락	가정에서 일반적으로 사용하는 스테인리스 소재의 숟가락을 사용한다.
	대체재: 스테인리스 자, 압정뜯개, 제침기

먹지	한쪽 면에만 초크가 발라져 있는 흰색 복사용 먹지 또는 카본지를 구매한다.
	일반적인 검은색 먹지나 양면에 모두 초크가 발린 먹지는 피한다.
	구매처: 문구점, 화방

밀가루	중력분이나 강력분, 박력분 등 요리에 사용되는 어떤 밀가루나 가능하다.
	밀가루 풀을 만드는 대신 그와 비슷한 제형의 시제품을 사용할 수도 있다.
	구매처: 슈퍼마켓, 생활용품점
	대체재: 문방풀, 도배풀, 물풀, 쌀가루, 찹쌀가루

2. 수틀 매기와 도안 옮기기

재료와 도구

때에 따라 수틀 없이 수를 놓는 것도 가능하지만 일반적으로는 작업하는 동안 원단이 움직이거나 주름지지 않게 하고 바늘을 찔러 넣기 편하게 하기 위해 수틀을 사용합니다. 그 밖에 양손 사용을 수월하게 하고 원단에 때가 덜 타게 하는 등 여러 장점이 있습니다. 단점이라면 만약 원단을 애초에 비뚤게 고정했을 경우 수를 반듯하게 놓아도 수틀에서 원단을 떼어내고 나면 수가 뒤틀릴 수도 있다는 점과 수틀에 고정하기 위해 원단에 여분이 필요하다는 점, 수틀을 놓고 작업할 공간이 필요하다는 점 등을 들 수 있겠습니다.

전통자수에서는 견 소재의 부드럽고 미끈거리는 질감과 섬세한 작업 특성 때문에 수틀 사용이 필수적입니다. 특히 한국자수는 수로 면을 빼곡히 채워 놓고 테두리 역시 꼼꼼히 두르는 경우가 많아서 아무리 작은 도안이라도 손이 많이 가는 편입니다. 따라서 본격적으로 수를 놓을 때에는 양손을 오롯이 땀을 놓는 데에 할애하는 것이 좋습니다. 그러면 효율적이면서도 편하고 무엇보다 작품의 완성도를 높일 수 있습니다.

∞ 원단과 수틀 준비하기

준비물: 원단, 가위, 수틀, 자, 볼펜이나 연필

네모난 액자형 수틀(캔버스 틀)에 원단을 매는 법을 알아보겠습니다. 원단은 하고자 하는 작품의 크기보다 크고 수틀의 가로세로 길이보다 최소 5cm 정도 여유 있게 준비합니다. 여러 개의 작품을 할 때 작품마다 크기에 맞는 수틀이 필요한 것은 아니고 가장 큰 작품과 작은 작품을 기준으로 생각하여 한두 개 정도를 구비하면 됩니다. 한 수틀에 꼭 한 작품만이 아니라 여러 개를 같이 작업할 수 있다는 점도 미리 고려해볼 만합니다.

가지고 있는 원단이 작품의 크기보다 크지만 수틀의 크기보다는 작다면 다른 천을 바느질로 이어 붙인 후 사용하면 됩니다. 다른 원단을 사용하는 여러 개의 작품을 한 수틀에 매어 사용할 경우에도 마찬가지로 각 원단 조각을 바느질하여 한 판으로 만들어 사용합니다. 이때 원단의 성질이 서로 너무 다른 것은 붙여 쓰지 않는 것이 좋습니다. 원단의 신축성이나 강도의 차이로 인해 한쪽 원단의 결이 비뚤어질 수도 있고 원단 전체의 탄력에 영향을 줄 수도 있기 때문입니다.

수틀에 남은 풀과 압정 자국

원단 사전 준비하기

원단의 식서(원단을 짤 때 풀리지 않게 마감된 양옆 가장자리) 방향을 확인하고 도안의 정면과 식서 방향을 맞춘다. 수틀의 가로세로 길이보다 각각 5cm 정도 길게 원단을 자르고 앞뒷면을 잘 구분하여 항상 앞면을 보이는 쪽으로 둔다.

원단의 식서

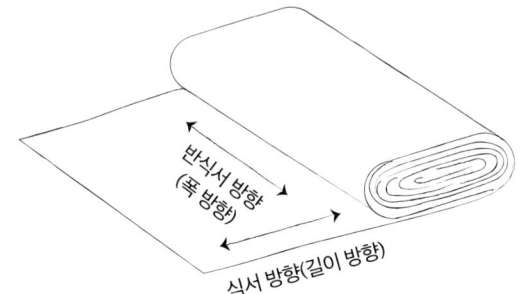

식서 방향과 반식서 방향

- 식서는 원단의 길이 방향 가장자리에 올이 풀리지 않도록 마감 처리가 된 곳이다. 대개 제조사나 소재 이름이 새겨 져 있다.
- 식서가 잘려 있는 경우에는 원단의 결을 보고 확인한다. 밝은 곳에서 원단을 평평하게 펴 놓고 볼 때 반복되는 직선 의 결이 미세하게나마 보이는 방향이 식서 방향이다.
- 원단을 접을 때 식서 방향을 중심선으로 두면 더 쉽고 깔끔하게 접힌다.
- 광목처럼 식서 방향과 반식서 방향에 큰 차이가 없는 원단도 있다.

수틀 사전 준비하기

풀 바를 곳을 표시하기 위해 볼펜으로 수틀의 두 면(ㄱ 또는 ㄴ)에 1~2cm의 간격을 두고 직선을 긋는다. 간격의 기준 은 수틀의 내곽이든 외곽이든 상관없지만 여기에서는 내곽을 기준으로 한다. 수틀 한 면의 너비가 1~2cm인 경우에 는 따로 선을 표시하지 않고 그대로 써도 된다.

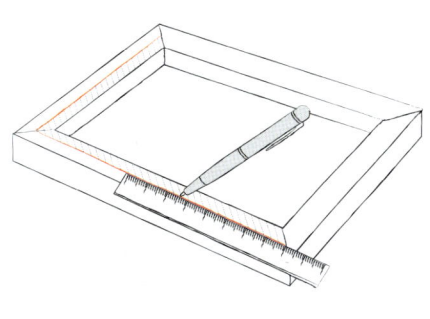

풀 바를 곳 표시

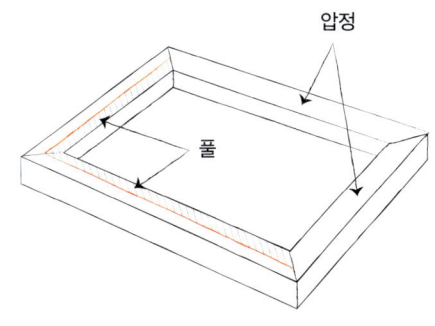

풀 바르는 면과 압정 꽂는 면

∞ 수틀 매기

준비물: 원단, 수틀, 목공용 풀, 압정

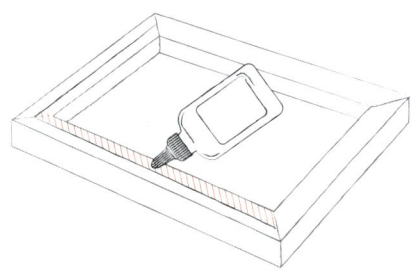

① 한 면에만 목공용 풀을 바른다.

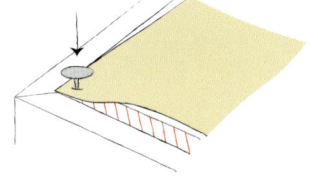

② 풀 바르는 영역의 모서리와 원단의 한쪽 모서리를 맞추어 놓고 압정으로 고정한다.

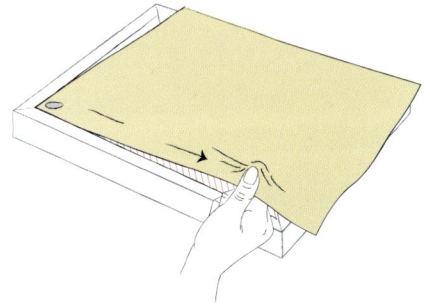

③ 원단을 최대한 세게 당기면서 붙인다.

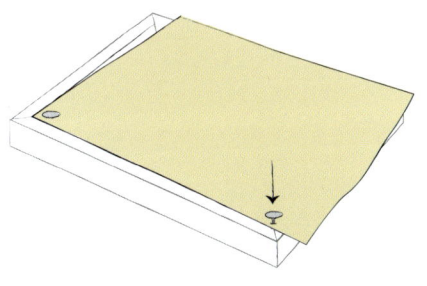

④ 모서리에 압정을 꽂아 고정한다.

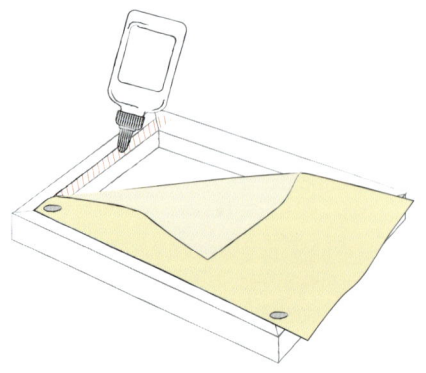

⑤ 나머지 한 면에 풀을 바른다.

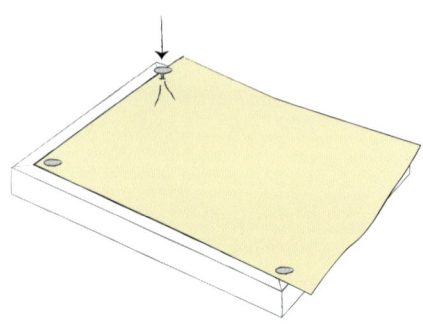

⑥ 원단을 최대한 세게 당겨 붙이고 압정으로 고정한 다음 풀이 충분히 마를 때까지 5~10분 정도 기다린다.

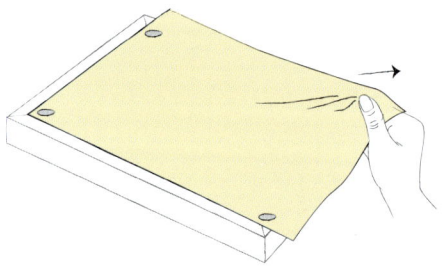

⑦ 어느 방향으로 당겨도 원단이 떼어지지 않는지 확인한 후 마지막 모서리 쪽으로 원단을 세게 당긴다.

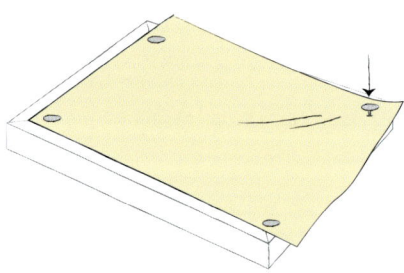

⑧ 압정으로 고정한다. 이때에도 원단은 아직 팽팽하지 않고 전체적으로 느슨한 상태다.

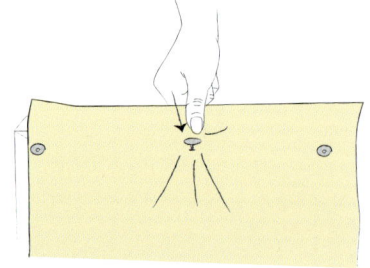

⑨ 압정을 꽂을 한쪽 면의 중간 부분을 팽팽하게 당겨 압정으로 고정한다.

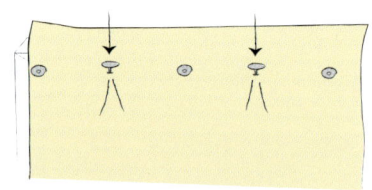

⑩ 압정과 압정의 중간을 당겨 압정으로 고정한다.

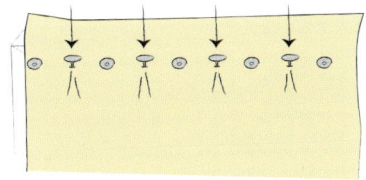

⑪ 계속해서 압정 사이사이 공간에 압정을 꽂는다. 그러면 원단을 고르게 당길 수 있다. 어느 한쪽부터 순서대로 채우면 원단 결이 한쪽으로 틀어질 수 있다.

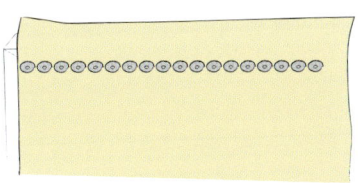

⑫ 중간에 압정이 들어갈 공간이 없을 정도로 한 줄을 촘촘히 채운다.

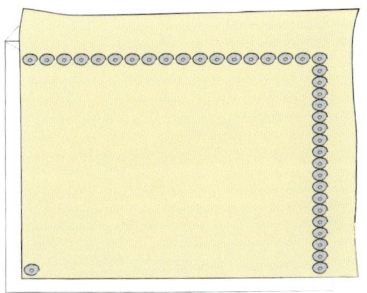

⑬ 같은 방식으로 나머지 면도 압정을 꽂는다. 원단을 손으로 두드렸을 때 북소리가 나고 탄력이 느껴질 정도로 팽팽한 것이 좋다.

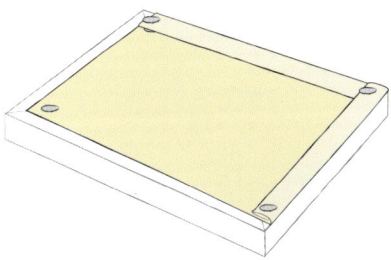

⑭ 수틀 밖으로 튀어나온 여분의 원단은 잘 접어 압정으로 고정한다. 그러면 수를 놓을 때 실이 압정 사이에 걸리는 것을 막을 수 있다. 여분이 부족하면 다른 천으로 감싼다.

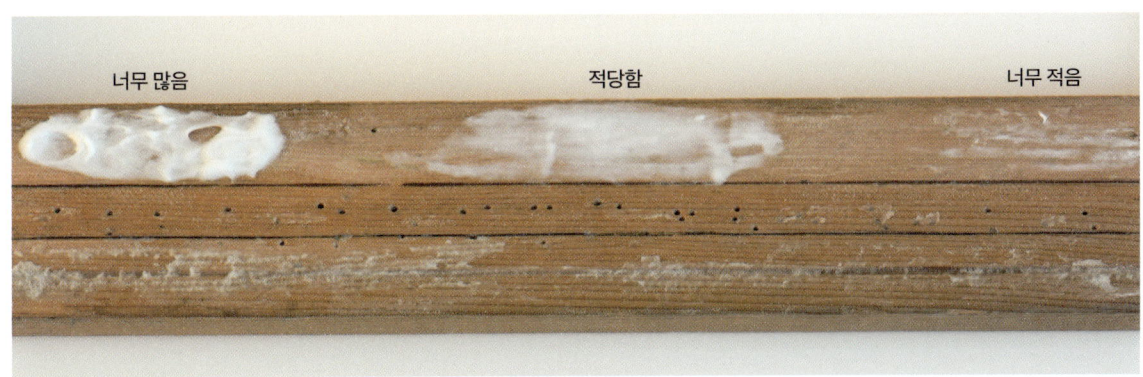

수틀에 풀 바르는 양

∞ 도안 옮기기

준비물: 인쇄된 도안, 흰색 먹지, 테이프, 색 볼펜, 두꺼운 책

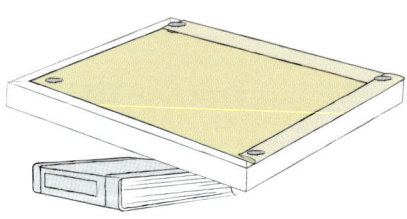

① 수틀 두께 이상의 두껍고 평평한 책을 수틀 밑에 받친다.

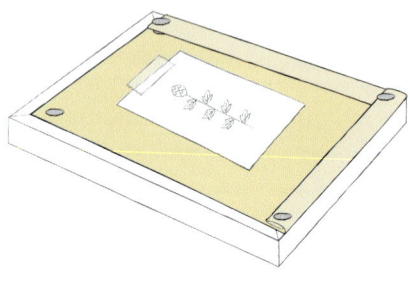

② 도안을 원하는 위치에 맞추고 테이프로 살짝 고정한다.

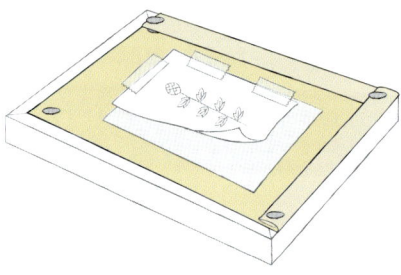

③ 도안지와 원단 사이에 먹지를 끼워 넣는다. 초크가 묻어 있는 부분이 원단을 마주하도록 둔다.

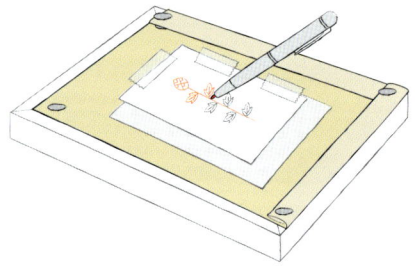

④ 색 볼펜으로 도안선을 빠짐없이 그린다. 펜에 적당한 압력을 주어야 도안선이 또렷하게 옮겨진다.

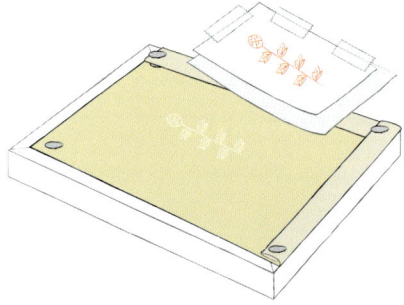

⑤ 도안을 모두 따라 그린 후 도안지와 먹지를 떼어낸다. 도안이 잘 그려졌는지 확인할 때는 수틀을 여러 각도에서 바라본다.

광택이 많은 원단일수록 바라보는 각도에 따라 도안의 선명도가 크게 달라진다.

바늘과 실 다루기

바늘에 실을 꿰는 일은 사소한 과정처럼 보이지만 때로는 수를 놓는 일보다 더 크게 느껴지기도 합니다. 실제로 수를 놓다 보면 실을 새로 꿰는 것이 번거로워서 길이가 짧아질 대로 짧아진 실을 마지막까지 끊지 못하기도 하고, 마음에 안 드는 땀을 풀지 않고 넘어갈 때도 있습니다. 때로는 두세 땀만 놓고 다른 색의 실로 바꿔야 하는 작은 도안이 야속하기도 하고 실을 꿰다가 수놓기 전부터 지치기도 합니다. 반대로 실이 바늘구멍으로 단번에 잘 들어가면 그만큼 만족스럽고 속 시원한 일이 없습니다. 모든 일에 첫 단추를 잘 끼워야 하는 것처럼 수를 놓기 전에 첫 실을 잘 끼워서 순조로운 출발을 해봅시다.

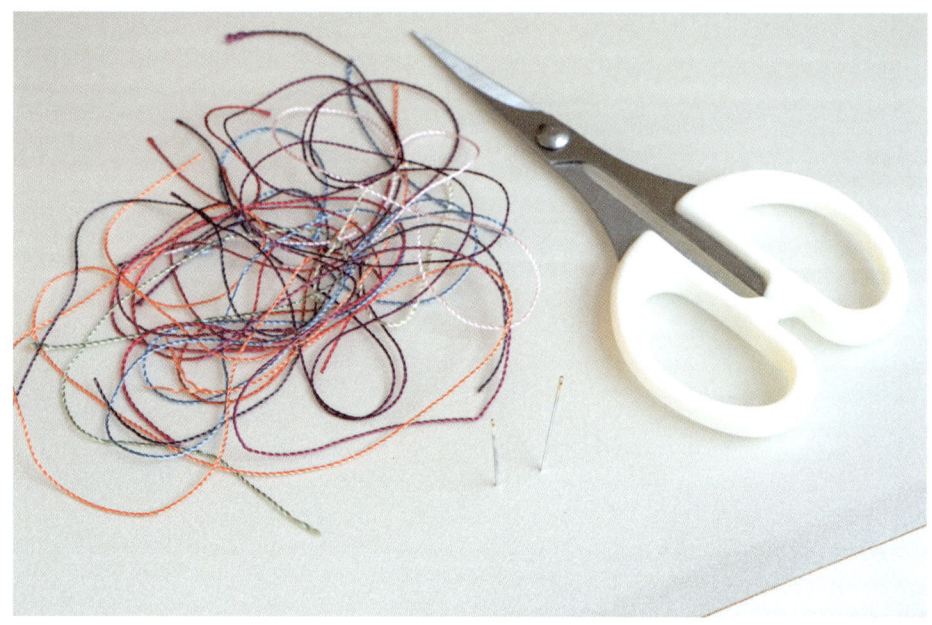

바늘과 실, 실가위

1. 바늘 다루기

일반적으로 바늘은 단단한 금속 재질로 만들어졌기 때문에 실수로 부러져 못 쓰는 경우는 있어도 휘거나 닳아서 못 쓰는 경우는 거의 없습니다. 그럼에도 불구하고 수를 놓으면서는 종종 바늘을 새것으로 바꿔주어야 합니다. 바늘이 원단 사이를 반복적으로 움직이다 보면 표면의 코팅이 벗겨지면서 점점 광택을 잃고 무쇠의 검은색에 가까워집니다. 원단과의 마찰 외에 바늘을 잡는 손과 손톱 때문에도 변형이 생깁니다. 표면이 벗겨진 바늘을 한동안 쓰지 않고 방치하면 공기 중에 부식되어 녹이 슨 것을 볼 수도 있습니다. 만약 바늘을 원단에 꽂아 두었다면 그 자리에 지워지지 않는 붉은 얼룩이 남을 것입니다.

그러므로 바늘을 쓰지 않을 때에는 바늘꽂이나 수틀의 가장자리 여분 원단에 꽂아두도록 합니다. 오랫동안 바늘을 쓰지 않을 때에는 밀봉하여 보관하는 것이 좋습니다. 그리고 바늘의 코팅이 벗겨지면 수명이 다해가는 신호로 알고 곧 새 바늘로 바꾸어 쓰도록 합니다. 이 신호는 바늘의 색깔과 광택뿐만 아니라 소리와 촉감으로도 알 수 있습니다. 바늘이 원단을 통과할 때 가볍고 청량하게 나던 소리가 무겁고 둔탁하게 변했다면, 그리고 바늘을 손에 잡았을 때 매끄럽던 감촉이 거칠고 끈적인다면 바늘을 바꾸어야 할 때입니다.

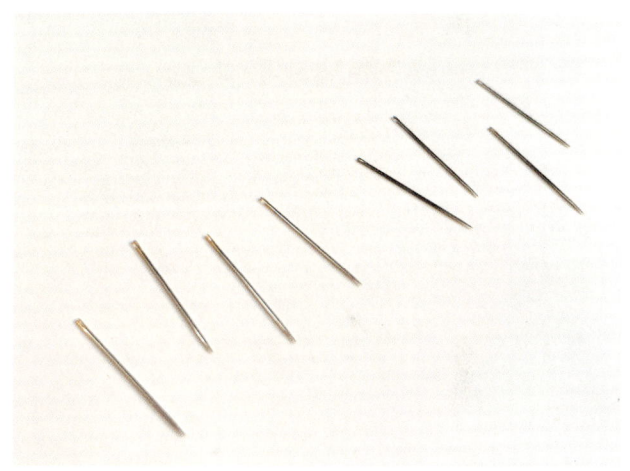

새 바늘과 헌 바늘

2. 자수실 다루기

전통자수의 주인공이라고 할 수 있는 꼰사와 반푼사에 대해서라면 실을 꼬는 법에서부터 실의 종류에 따른 자수 기법의 변화까지 별도의 책 한 권을 쓸 수도 있을 것입니다. 하지만 여기에서는 시중에서 구매할 수 있는 실을 가지고 수를 놓을 때 도움이 될 실용적인 내용으로 한정하여 다루겠습니다. 모든 재료와 도구가 그렇듯 자수실의 성격을 이론적으로 아는 것보다는 직접 많이 만져보고 작업하면서 익숙해지는 것이 좋고, 또 본인의 작업 습관에 맞게 사용하는 것이 중요합니다.

실타래와 보빈에 감긴 실

자수실의 실타래 모양이나 길이는 판매처마다 조금씩 다른 편입니다. 서양 자수실 중에는 실패에 감아 놓고 필요한 만큼 잘라 쓰도록 되어 있는 것도 많지만 우리 전통자수용으로 나온 꼰사, 반푼사는 대부분 타래나 소분된 묶음 단위로 판매되고 있습니다. 어떤 것은 한 줄의 긴 실을 돌돌 말아 놓은 모양으로 되어 있기도 하고, 어떤 것은 아주 긴 여러 가닥의 실을 곱게 빗어 땋아 놓은 모양이기도 합니다. 어떤 식으로 되어 있든 수를 놓기 전에 미리 실을 편하게 쓸 수 있도록 정리해두는 것이 좋습니다. 한 번 바늘에 꿰어 쓸 실의 길이는 보통 50cm 내외가 적당합니다. 실이 너무 짧으면 자주 실을 갈아야 하는 번거로움이 있고, 반대로 너무 길면 바느질하는 동안 실이 엉키거나 중간에 매듭이 생기기 쉽습니다. 또한 바늘땀을 놓을 때 손을 위아래로 움직이는 반경이 너무 커지기 때문에 작업에 속도를 붙이기 어렵습니다.

정리된 실

3. 실 정리하는 방법

긴 타래실을 사서 50cm 정도의 길이로 자르고 다음 설명을 따라 정리해봅시다. 처음 실을 잘 정리해두면 보관하기에도 좋고 수를 놓을 때 실을 뽑아 쓰기에도 편합니다.

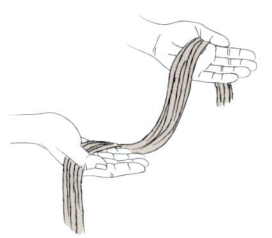

① 실을 가지런히 한 다음 양손의 엄지와 검지 사이에 실 끝으로부터 5cm 정도 되는 지점을 살짝 쥔다.

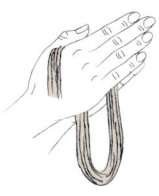

② 실을 쥔 채로 양손을 손뼉 치듯이 모은다. 손 안쪽에서 실이 한데 합쳐지지 않도록 주의한다.

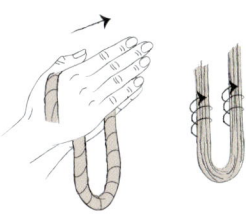

③ 손바닥끼리 밀착하고 손을 비벼서 실에 꼬임을 준다. 꼬임이 풀리지 않도록 유의하면서 5~10회 정도 한 방향으로만 비빈다. 실의 양이 많을수록 더 여러 번 꼬아준다.

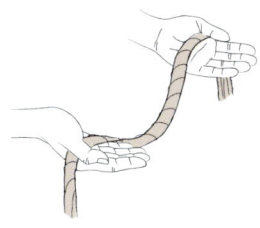

④ 실뭉치가 절로 꼬일 정도로 충분한 꼬임을 준 다음 실의 양 끝을 잘 잡아 곧게 펼친다.

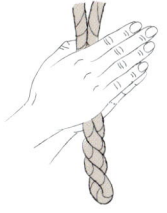

⑤ 반으로 접어 꽈배기 모양을 만든다.

⑥ 끝에서 5cm 정도 되는 지점을 아무 실이나 사용하여 묶어준다. 여러 개의 실을 한꺼번에 묶어 정리할 수도 있다.

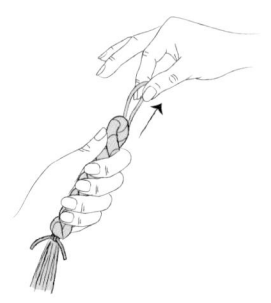

⑦ 반으로 접힌 부분에서 실을 뽑아 쓴다.

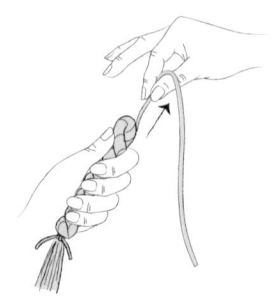

⑧ 한쪽 끝을 다 뽑은 다음 나머지를 마저 뽑는다.

실을 보관할 때 주의할 점은 직사광선과 습기를 피하는 것입니다. 일반적으로 원단과 실처럼 섬유로 만들어진 제품은 소재와 상관없이 빛과 습기를 멀리하는 것이 좋습니다. 자연의 햇볕뿐만 아니라 실내의 조명에 의해서도 변색될 수 있으니 지속적으로 강한 빛에 노출되지 않는 곳에 두어야 합니다. 통풍되지 않는 습한 곳에서는 곰팡이가 생길 수 있으니 장기간 보관 시에는 종이나 통풍이 되는 천 주머니 등에 넣고 비닐이나 플라스틱 용기에 밀봉하는 일은 피하도록 합니다.

실뭉치를 한 곳에 빼곡히 넣고 오랫동안 방치하면 실에 구김이 생길 수도 있습니다. 그럴 때는 실에 증기를 살짝 쐬어준 다음 손으로 가볍게 빗어주면 자연스럽게 퍼집니다. 옷의 주름을 펴듯이 다리미를 사용하여 실에 열과 압력을 가하면 실이 납작하게 눌리면서 꼰사의 입체감이 사라지게 되니 자수실에 직접적인 다림질은 하지 않는 것이 좋습니다.

4. 바늘에 자수실 꿰기

자세히 보아도 크기를 가늠하기 어려울 정도로 작은 바늘구멍에 실을 끼우는 일은 시각이나 시력보다 감각의 영역에 가까워 보입니다. 같은 일을 반복하다 보면 저마다 요령을 터득하게 되는데, 다른 도구를 이용하지 않고 쉽게 실을 꿰는 요령 한 가지를 공유하면 다음과 같습니다. 처음 실을 끼울 때든 작업 중간에 땀을 풀고 다시 바늘에 끼울 때든 모두 동일한 방법으로 끼우면 됩니다. 글로 설명하면 길고 복잡한 과정처럼 보이

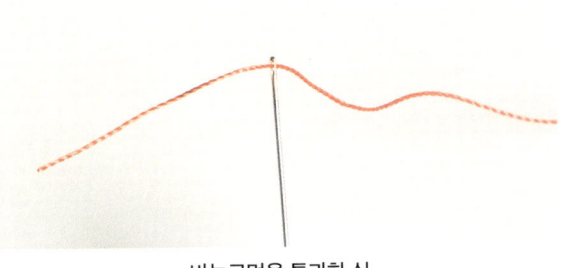

바늘구멍을 통과한 실

지만 실제로는 몇 초 안에 일어나는 일이니 한번 익숙해지면 다른 도구를 사용하는 것보다 더 빠르고 실을 꿰는 부담도 적어질 것입니다.

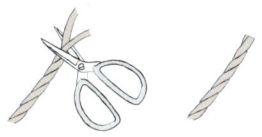

① 한쪽 실 끝을 고르게 한다.

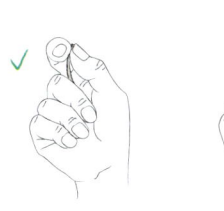
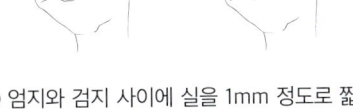

② 엄지와 검지 사이에 실을 1mm 정도로 짧게 잡는다.

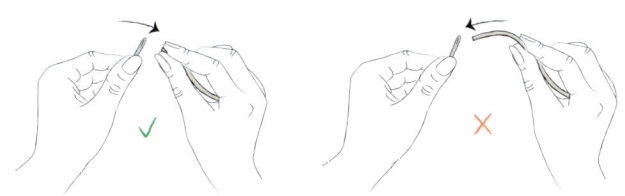

③ 모자를 씌우듯 바늘구멍을 실 끝에 끼운다.

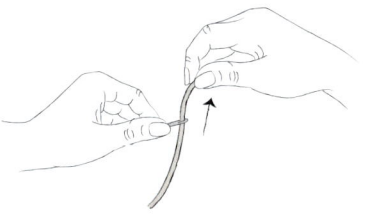

④ 실의 두 올이 모두 빠져나온 것을 확인한 뒤 실을 잡아당긴다.

맨손으로 실을 꿰는 것이 여전히 마음대로 되지 않을 때는 보조도구를 사용할 수 있습니다. 일명 '효자핀'으로도 불리는 실 끼우개(23쪽 사진 참조)는 가는 철사를 구부려 놓은 고리로 보통 반짇고리의 구성품 중 하나입니다. 요즘에는 바늘과 실을 꽂아두고 버튼만 누르면 실을 끼울 수 있는 반자동 실 끼우개도 있습니다. 너무 작은 바늘귀에 다소 굵은 실을 끼울 때는 작동이 단번에 안 될 수도 있지만 일반적으로는 충분히 사용 가능합니다. 그 밖에도 실이 잘 끼워지는 방법이 있다면 어떤 방식이든 사용해도 괜찮습니다.

5. 실매듭 짓기

실매듭

실매듭 없이 원단에 바늘땀을 고정하는 방법도 있지만 처음에 매듭을 짓고 시작하는 것이 가장 일반적이고 편리한 방법입니다. 바늘에 실을 꿰는 일과 마찬가지로 매듭을 지을 때도 각자 알고 있는 편한 방법으로 해도 됩니다. 어떤 방식이든 중요한 것은 사용하는 원단과 실에 따라 적정한 크기의 매듭을 만드는 것입니다. 매듭이 너무 작거나 원단이 너무 성글면 매듭을 지어도 원단에 고정할 수 없습니다. 반대로 매듭이 너무 크면 원단 앞면이 볼록하게 튀어나오거나 다른 땀을 놓는 데에 방해가 될 수 있습니다.

매듭을 만들 때 가장 많이 쓰이는 방법 중 하나는 다음과 같습니다. 바늘에 실을 감아 만들고 감는 횟수가 많을수록 매듭이 커집니다. 꼰사나 반푼사처럼 자수용 바늘귀에 꼭 맞게 들어가는 자수실의 경우는 두 번, 그보다 가는 실은 서너 번, 아주 굵은 실은 한 번 감으면 적당합니다.

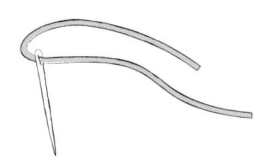

① 실의 한쪽을 다른 쪽보다 조금 길게 둔다.

② 긴 쪽의 실과 바늘로 최대한 작은 X자 모양을 만든다.

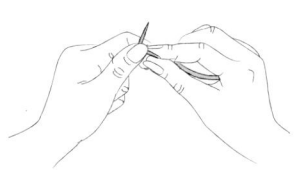

③ 바늘을 잡고 있는 손으로 X자의 중심을 잡는다.

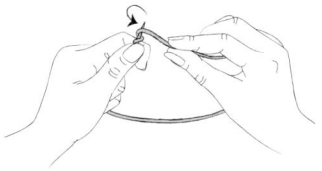

④ X자 중심에서 이어지는 실을 바늘에 두 번 휘감는다. 실이 가늘면 감는 횟수를 늘린다.

⑤ 바늘을 잡은 손으로 감긴 실까지 모두 잡는다.

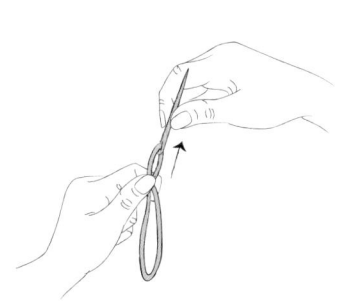

⑥ 바늘에 감긴 실을 잡은 상태에서 다른 손으로 바늘을 잡아 뺀다.

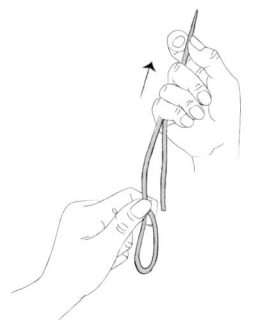

⑦ 바늘을 끝까지 빼내면 긴 쪽의 실 끝에 매듭이 생긴다.

⑧ 매듭의 꼬리는 짧을수록 좋다. 꼬리가 너무 길면 가위로 다듬어준다.

6. 수놓는 자세 잡기

수를 놓을 때에는 양손을 모두 쓸 것을 추천합니다. 대부분 양손잡이가 아니기 때문에 양손을 사용하는 것이 처음에는 어색하고 더디지만 한번 습관을 들이면 더 효율적이고 정확하게 작업할 수 있습니다. 양손을 자유롭게 사용하려면 수틀이 한 곳에 잘 고정되어 있어야 합니다. 책상이나 식탁 등 작업대 가장자리에 수틀을 반쯤 걸쳐 놓고 한쪽 끝에 무거운 책을 올려놓으면 특별한 고정대 없이도 편하게 작업할 수 있습니다.

아래 사진과 같이 왼손 오른손 상관없이 한 손은 수틀 위에, 다른 한 손은 아래에 두고 바늘을 번갈아 잡으면서 땀을 놓습니다. 어느 손이 어느 위치에 있을 때 움직임이 더 자연스러운지 시험해보고 편한 방향을 찾아봅시다. 하지만 아무리 연습해도 평소에 사용하지 않는 손이 마음처럼 움직이지 않고 오히려 작업에 방해가 된다면 한손으로만 작업해도 물론 괜찮습니다.

수틀을 책상에 받치고 양손으로 수놓는 모습

7. 모든 기법의 첫 땀

첫 장부터 순서대로 읽고 있는 독자라면 수를 놓기 전에 살펴봐야 할 내용이 너무 많게 느껴질 수도 있을 것 같습니다. 하지만 과정마다 무엇을 어떻게 하는지 나열하기보다 그 과정이 왜 필요한지, 어떤 것에 영향을 미치는지에 대해 조금씩이라도 같이 적다 보니 내용이 길어 보일 뿐입니다. 실제로 작업하는 데에 걸리는 시간은 그렇게 길지 않습니다. 그리고 설명된 모든 것을 다 알고 넘어가야만 하는 것도 아니니 처음엔 가볍게 훑고 지나갔다가 작업 도중 궁금한 것이 생길 때 관련 내용을 다시 찾아보는 것도 좋겠습니다.

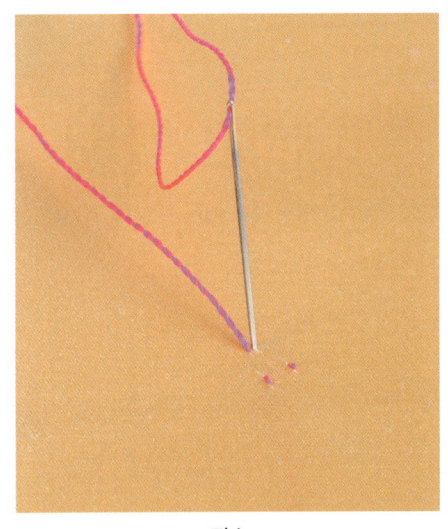

점수

이제는 정말 첫 한 땀을 놓을 차례입니다. 어떤 기법을 놓더라도 그 시작과 마무리에는 동일하게 작은 한 땀을 놓습니다. 작은 점을 놓는 기법을 점수라고 하는데, 동물의 눈이나 장식적인 무늬 등에 활용할 수 있습니다. 그리고 이 장에서 설명하는 것처럼 수를 시작하거나 마무리하기 위한 기능적인 역할도 가지고 있습니다. 시작할 때 점수를 놓는 이유는 크게 두 가지입니다. 첫째는 실 끝에 만든 매듭이 풀리거나 원단을 뚫고 나오는 경우를 대비하여 원단에 실을 한 번 더 고정해주는 것입니다. 둘째는 실의 매듭이 수를 놓기 시작할 도안선 바로 밑에 오지 않게 하기 위해서입니다. 실매듭이 도안선에 붙어 있으면 도안선에 맞추어 바늘을 찌를 때 방해가 되기 때문에 도안선에서 살짝 떨어진 곳에 매듭을 둡니다.

① 실매듭이 원단 뒷면에 오도록 바늘을 수틀 아래에 두고 찔러 올린다.

② 0.5~1mm 정도 길이의 짧은 땀을 놓는다.

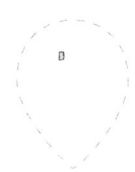

③ 도안에 수를 채우면 이 부분은 가려져서 보이지 않게 된다.

8. 모든 기법의 마지막 땀

한 도안을 다 채웠거나 실을 바꿔야 할 때에는 놓던 수를 마무리 짓고 실을 잘라냅니다. 첫 땀을 놓을 때와 마찬가지로 점수가 겉으로 드러나지 않을 곳에 놓습니다. 시작점의 점수와 다른 점은 두 개 이상의 점수를 놓아야 한다는 점입니다. 수를 끝낼 때는 따로 매듭을 짓지 않기 때문에 점수를 한 번만 놓으면 올이 풀릴 위험이 있습니다. 점수를 두 번 놓는 것은 생각보다 훨씬 실을 단단히 고정시킵니다. 그리고 도안 내부가 비어 있어서 편하게 점수를 놓았던 시작과 달리 마무리하는 시점에는 도안의 전체 또는 일부가 수로 채워져 있기 때문에 상황에 따라 점수의 위치를 다르게 할 필요가 있습니다.

같은 도안 안에 빈 공간이 있는 경우

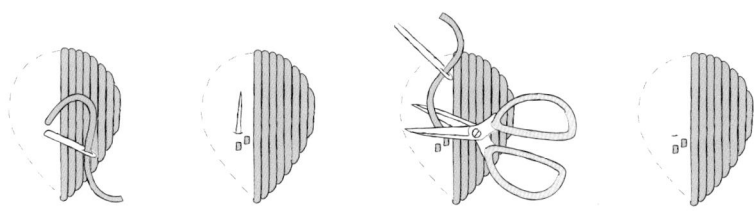

도안의 빈 곳에 두 개 이상의 점수를 놓은 후 바늘을 수틀 위로 빼내어 실을 바짝 자른다.

다 채운 도안 근처에 빈 도안이 있는 경우

근처 도안의 빈 공간에 점수를 놓은 후 마무리한다.

다 채운 도안 근처에 빈 도안이 없는 경우

 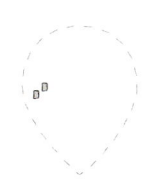 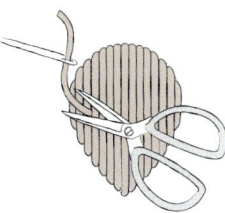

땀과 땀 사이에 점수를 놓는다.
땀 아래의 원단에만 놓이기 때문에 겉으로는 보이지 않는다.
마지막에 실을 자를 때도 땀과 땀 사이로 바늘을 꺼내 올린다.

이처럼 수를 놓을 때는 시작과 마무리 단계까지 모두 원단의 앞면을 본 채로 작업합니다. 간혹 실이 엉키면 수틀을 뒤집어볼 때도 있지만 그렇지 않다면 뒷면을 볼 일이 거의 없습니다. 보지 않는다고 해서 신경을 쓰지 않는 것은 아닙니다. 바늘을 찌를 때 무언가 걸린 느낌이 들거나 바늘을 당겨도 앞 땀이 여전히 느슨하게 있을 때, 또는 실이 갑자기 짧아진 것 같을 때 등 손과 눈의 감각에 주의를 기울이면 뒷면을 보지 않고도 어떤 문제가 생겼는지 알게 됩니다.

땀과 땀 사이로 바늘을 올려 마무리하는 모습

열 가 지 기 초 자 수 기 법 배 우 기

현재 남아 있는 우리나라 자수 유물에서 찾아볼 수 있는 자수 기법을 세세히 분류하면 수십 가지가 될 것입니다. 하지만 그중에서 주로 활용되는 기법을 꼽는다면 열 가지 남짓입니다. 이 책에서는 기본적이면서도 제일 널리 사용되는 열 가지 기법을 사용하여 다양한 작품을 연습해보고자 합니다. 수놓기를 처음 시작하는 누구든 부담 없이 즐기면서 작품을 완성하는 만족감을 느낄 수 있기를 바랍니다. 여기에 소개된 기법을 아는 것만으로도 만들 수 있는 작품이 무궁무진하고 유물이나 다른 작품을 감상하는 데에도 큰 도움이 될 것입니다.

하나의 기법 안에도 다양한 활용법이 있지만 여기에서는 수록된 작품을 완성하는 데에 필요한 내용에 초점을 맞추어 설명하겠습니다. 연습하면서 특별히 더 자세히 알고 싶은 기법이 있다면 《전통자수-한국의 기본자수 배우기》를 참고해보길 바랍니다. 수를 놓는 것은 예술의 영역이기 때문에 기법과 관련하여 절대적인 규칙은 없습니다. 옛사람들이 놓은 수를 찬찬히 살펴보면 언뜻 보기에는 같은 기법을 사용한 것처럼 보여도 실제로는 제각각인 경우가 많고, 한 사람이 만든 작품 안에서도 균일하지 않은 방법을 볼 수 있습니다. 수놓는 사람의 마음 가는 대로, 바늘 가는 대로 표현하고 싶은 것을 마음껏 표현할 수 있으면 그것이 가장 좋은 방법임을 항상 기억하면서 수놓는 행위 자체의 즐거움을 느껴보시길 바랍니다.

1. 평수 ——————————————— 가장 먼저 만나 가장 오랜 친구가 될 기법

평수로 놓은 문자

가장 기본적인 것을 제일 먼저 배우는 이유는 그것이 쉬워서가 아니라 그만큼 더 많은 시간을 들일 가치가 있기 때문일 것입니다. 그런 의미에서 평수는 자수 기법 중에 가장 기본이라고 할 만합니다. 바늘땀을 차곡차곡 놓아 면을 채우는 평수는 국가와 문화, 소재와 도구를 막론하고 자수라는 분야에서 가장 대표적인 기법입니다. 그런 이유에서 오히려 평수는 종종 과소 평가되거나 그 매력이 가려지는 경우가 많습니다. 한눈에 보기에는 단순하고 반복적인 땀이어서 그 특별함이 쉽게 눈에 띄지 않는 것이 사실입니다.

짐작건대 가장 좋아하는 기법으로 평수를 손꼽는 사람은 많지 않을 것입니다. 가장 큰 이유는 앞서 언급했듯이 특별히 눈에 띄지 않고 때로는 너무 쉬워 보이기 때문입니다. 그런데 또 다른 이유는 역설적이게도 평수가 너무 어렵기 때문입니다. 평수는 잘 놓았을 때는 눈에 띄지 않지만 조금이라도 흐트러졌을 땐 눈길을 끌기 쉬운 기법입니다. 물론 처음부터 겁먹을 필요는 없지만 수놓기를 시작하기 전에 여러 기법 가운데서도 평수를 제일 먼저 연습하는 의미를 한 번 더 생각해보면 좋겠습니다.

∞ 기본 평수 놓는 방법

처음 놓는 기법인 만큼 다른 기법보다 설명을 조금 더 길고 자세하게 적어 놓겠습니다. 앞 장들의 설명에 따라 원단을 수틀에 매고 실을 바늘에 꿰어 연습을 시작해봅시다. 만약 바로 작품을 통해 연습하고 싶은 경우에는 선택한 작품에 필요한 기법을 골라 작업할 수도 있습니다.

 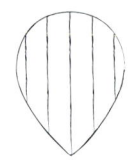

① 연필이나 초크 펜으로 도안면 안에 수놓을 결 방향을 표시한다. 선을 너무 많이 그리면 오히려 방해되므로 0.5~1cm 정도의 간격으로 깔끔하게 그린다.

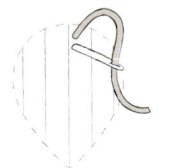 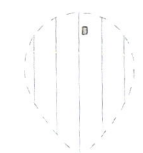

② 도안면 안에 1mm 정도의 작은 점수 한 땀을 놓는다. 땀의 위치는 수놓기를 시작할 부분 근처이고, 이 점수는 평수가 채워지면서 가려지게 된다.

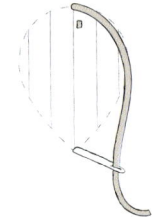 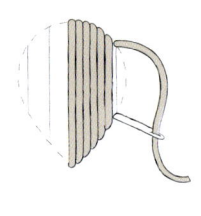

③ 도안의 어느 중간부터 한쪽 끝으로 수를 놓기 시작한다. 반드시 정중앙부터 시작해야 하는 것은 아니지만, 도안이 대칭인 경우에는 중앙부터 시작하는 것이 좋다.

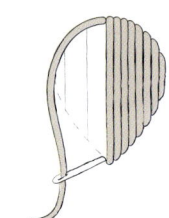 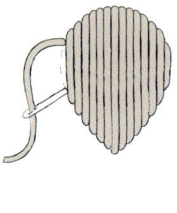

④ 시작했던 자리로 돌아와 남은 쪽도 마저 채운다.

 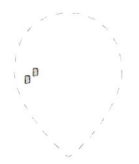

⑤ 면을 다 채우고 나면 평수의 땀과 땀 사이 바닥으로 작은 점수 두 땀을 놓는다. 점수가 평수 아래에 숨기 때문에 겉으로 보기에는 표가 나지 않는다.

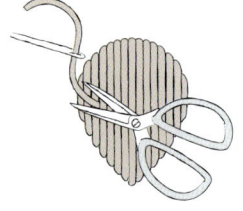 

⑥ 마지막으로 평수의 땀 사이로 바늘을 빼 올린다. 실을 팽팽히 당긴 후 실가위로 바짝 자르면 완성이다. 그 밖에 따로 매듭을 짓거나 수 뒷면을 볼 필요는 없다.

면을 채우는 기법을 놓는 경우 앞의 예시와 같이 수를 놓기 전에 어느 방향으로 땀을 놓을지 미리 정합니다. 어느 방향이든 되도록 한 땀의 길이가 너무 짧거나 너무 길어지는 방향은 피하는 것이 좋습니다. 땀이 너무 짧다고 해서 문제가 되는 것은 아니지만 땀이 짧을수록 면을 채우는 데 시간이 오래 걸리고, 수의 테두리 면을 매끄럽게 놓기 어려울 수 있습니다. 반대로 너무 길면 실이 원단에 잘 고정되지 않아 중간이 느슨하게 뜨는 문제가 생깁니다. 책에 수록된 작품의 크기 기준으로 한 땀이 2cm를 넘지 않는 선에서 다양하게 연습해보도록 합니다.

구름을 평수로 채울 때 결 방향 예시

 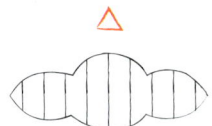 

긴 땀으로 채우기 때문에 땀수가 적고 시간이 적게 든다. 하지만 중간 부분의 선이 너무 길어서 땀이 움직이거나 들뜨게 된다.	짧은 땀으로 채우기 때문에 땀수가 많고 시간이 오래 걸린다. 양 끝의 뾰족한 모서리만 주의하면 충분히 작업할 만하다.	너무 길거나 너무 짧은 땀을 최소로 하여 수놓기에 무난하다. 평수에서 다양한 각도의 대각선 방향은 수직선이나 수평선보다 많이 사용된다.

결 방향을 정하고 나면 원단의 밑그림에 연필이나 색연필 등으로 직접 표시합니다. 이 선은 수를 채우는 동안 안내선 역할을 합니다. 처음부터 원단에 그리기가 망설여진다면 인쇄된 도안지에 먼저 그려보고 자연스러운지 확인한 다음 원단에 그립니다.

1. 한쪽 끝부터 수를 놓기 시작하면 어떤가요?

수를 놓는 방향과 도안의 어느 쪽 끝 모양이 아래 예시처럼 딱 맞아떨어지면 끝에서부터 시작해도 좋습니다. 하지만 도안의 가장자리가 둥글거나 불규칙한 모양일 때, 또는 끝이 반듯하더라도 수의 결과 다른 방향일 때는 중간 지점부터 수를 놓는 것을 추천합니다. 왜냐하면 도안에 결 방향을 아무리 섬세하게 그려놓더라도 곡선이나 날렵하고 좁은 부분에서 시작하는 첫 땀의 길이를 정확히 가늠하기가 어렵기 때문입니다. 하지만 도안의 가장자리에서 살짝 떨어진 자리에 놓을 땀의 길이는 명확히 알 수 있기 때문에 첫 땀을 놓기에 수월합니다.

평수로 놓은 대나뭇잎

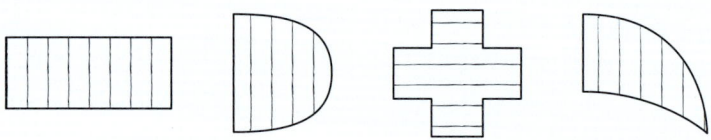

도안선의 한쪽 또는 양쪽 가장자리와 수의 결 방향이 평행한 경우
→ 한쪽 끝에서부터 반대쪽 방향으로 수를 놓는다.

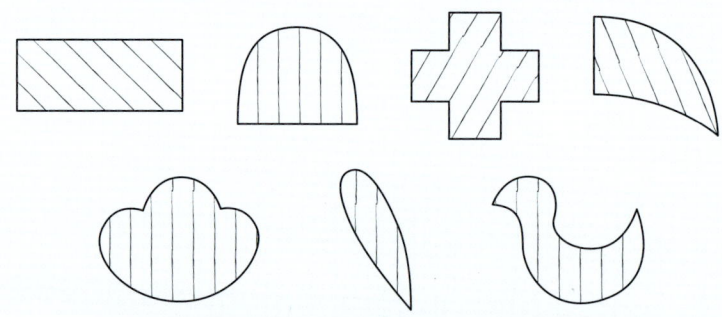

도안선의 가장자리가 둥글거나 수의 결 방향과 평행하지 않은 경우
→ 어느 중간 지점부터 한쪽 끝까지 먼저 놓은 후 나머지 반대편도 채운다.

2. 첫 땀을 도안의 정중앙에서만 시작해야 하나요?

가장자리에서 살짝 떨어진 부분이면 어디에서든 시작해도 괜찮습니다. 다만 도안이 대칭 구조일 때는 정중앙에서부터 시작하는 것이 양쪽의 균형을 잘 잡는 데 도움이 됩니다.

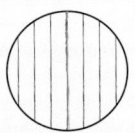

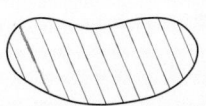

대칭 도안은 한가운데서
첫 땀을 시작한다.

비대칭 도안은 가장자리에서
떨어진 곳에서 시작한다.

3. 바늘이 올라오고 내려가는 방향이 항상 같아야 하나요?

아닙니다. 바늘을 올리고 내리는 방향은 원할 때마다 언제든지 바꿀 수 있습니다. 다만 한 방향을 유지하는 것이 좋은 이유는 수가 더 튼튼하게 고정되고 바늘을 정확한 자리에 찌르기에도 좋기 때문입니다. 바늘이 동일한 방향으로 움직이며 평수를 놓으면 원단의 앞면이 채워지는 만큼 뒷면도 같은 모양으로 채워집니다. 반면 바늘의 움직임을 매번 바꾸면 수의 뒷면은 도안선을 따라 작은 점수만 놓이게 됩니다.

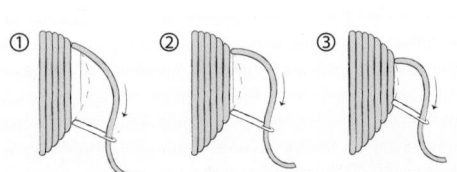

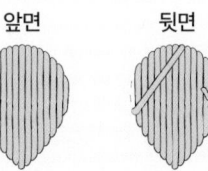

바늘을 올리고 내리는 방향이 일정한 경우

바늘을 내린 곳 바로 옆에서 다시 바늘을 올리는 경우

몇 가닥의 원단 조직에만 땀을 고정할 때보다 도안면을 한번 휘감아 고정할 때 수가 더 힘이 있을 뿐만 아니라 앞 땀에 바짝 붙여 바늘을 찌르기에도 훨씬 수월합니다. 만일 수를 놓는 도중에 바늘 찌르는 방향을 바꾸고 싶다면 도안 내부에 점수를 한 번 놓고 바꾸는 것이 좋습니다. 뒷면을 비우는 방식의 평수는 남은 실의 양이 부족할 때 실을 아껴 쓰거나 단순한 바탕면을 채우기에 유용한 방법이기도 합니다.

4. 땀을 풀고 다시 놓고 싶을 때는 어떻게 하죠?

놓은 땀이 만족스럽지 않다면 언제든 풀고 새로 놓을 수 있습니다. 자유롭게 쓰던 실을 바늘에서 빼고 되돌리고 싶은 부분까지 땀을 풀어냅니다. 실을 풀 때 너무 빠르고 세게 잡아당기면 꼰사의 꼬임이 많이 풀어지고 실 중간에 매듭이 생기기 쉬우며 연결된 다른 땀을 쪼그라들게 할 수도 있습니다. 그러니 한 박자 쉬어가는 마음으로 천천히 부드럽게 실을 빼내도록 합니다. 그리고 같은 자리에서 풀고 다시 놓기를 단시간에 자주 반복하지 않는 것이 좋습니다.

5. 수의 결이 자꾸 틀어져요.

바늘을 꽂을 때마다 앞 바늘땀과의 간격은 눈으로 보기 어려울 정도로 미세하게 다를 것입니다. 처음에는 그 미세한 차이를 알기 어렵지만 몇 땀 지나고 나면 점차 눈에 띄게 됩니다. 땀의 각도가 어느 쪽으로 틀어지는지 파악하고 그와 반대 방향으로 조금씩 움직여서 제 각도를 찾도록 해봅시다. 예를 들어 다음 그림과 같이 수직 방향으로 평수를 놓을 때 땀이 시계방향으로 기울었다면 바늘이 올라오는 위쪽의 땀 간격이 바늘을 찔러 넣는 아래쪽보다 더 넓은 것입니다. 간격이 넓어진 쪽에서 땀을 더욱 앞 땀 가까이 붙여 놓으면 결 방향을 다시 수직으로 세울 수 있습니다. 하지만 이미 땀이

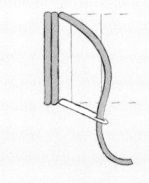

① 수직 방향의 평수

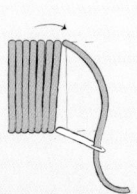

② 시계방향으로
기우는 땀

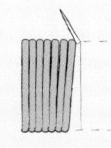

③ 간격이 벌어진
곳에서 바늘을 앞 땀에
더 바짝 붙인다.

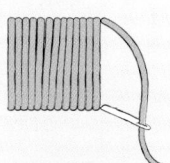

④ 수직 방향으로
돌아온 땀

눈에 띌 정도로 기울어진 후에 수습하는 것보다 미리 도안에 그려진 안내선을 살피고 전체적인 각도를 유지하는 것이 중요합니다. 그리고 땀과 땀 사이에 빈틈이 보일 정도로 비뚤어졌다면 땀을 풀고 다시 놓는 편이 좋습니다.

6. 수가 점점 도안선 안쪽으로 들어가서 크기가 작아져요.

수를 다 놓고 나서 보면 가장자리 주변으로 도안선 자국이 남아서 신경 쓰일 때가 있습니다. 도안선을 벗어나지 않게 수를 채우려고 노력하다 보면 바늘이 점점 도안선보다 안쪽으로 들어가게 됩니다. 꼭 맞게 놓더라도 바늘을 당기는 힘 때문에 땀이 조금씩 더 안쪽으로 밀릴 때도 있습니다. 이런 점을 보완하기 위해서는 도안선의 가장 바깥쪽 선을 기준으로 바늘을 찌르는 습관을 두는 것이 좋습니다. 또는 땀이 안쪽으로 밀리는 정도를 감안하여 도안선보다 살짝 더 바깥으로 놓는 것도 좋은 방법입니다.

수 바깥쪽에 드러난 도안선을 그대로 두는 것도 괜찮습니다. 오래된 유물을 살펴보면 도안선이 삐져 나와 있거나 아예 다른 도안으로 수정한 자국이 그대로 남아 있는 경우가 꽤 있습니다. 그런 숨은 흔적을 보는 것도 또 다른 재미입니다. 도안선 자국을 지워야 할 선이 아니라 작업 과정 중 남은 하나의 기록으로 생각하면 한결 마음이 편해질 것입니다. 특히 먹지에서 옮겨진 선은 잘 지워지지 않고 손으로 비비거나 물을 적시면 오히려 얼룩이 더 번질 수 있으니 주의합시다.

∞ 결 방향이 바뀌는 평수 놓는 방법

여러 가지 결 방향으로 놓은 평수

앞의 평수에서는 모든 바늘땀을 일정하게 한 방향으로 놓는 연습을 해보았습니다. 이번에는 수를 놓는 중 바늘땀의 각도를 바꾸어 결 방향에 변화를 주는 법을 알아보겠습니다. 한 방향으로만 놓은 평수는 정갈하고 통일감이 있지만 때로는 밋밋하게 느껴질 수도 있습니다. 수의 결 방향이 바뀌는 경우에는 각도의 변화에 따라 실의 질감과 광택이 달라지기 때문에 수에 생동감과 입체감을 더해줍니다. 하지만 자칫 결이 부자연스럽게 변하면 오히려 수가 거칠어 보일 수도 있습니다. 따라서 상황과 의도에 맞게 어울리는 수의 결을 정하는 것이 중요합니다. 참고하는 특정 유물이나 작품이 있다면 그 결까지 따라 해보는 것도 좋은 연습이 될 것입니다. 기본적으로 수를 놓는 방식은 앞서 연습한 것과 동일하고, 수의 결이 바뀌는 자리에서만 차이가 있습니다.

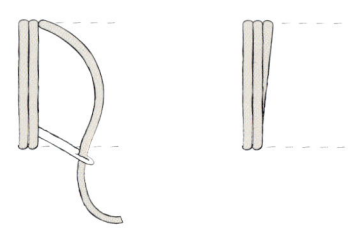

① 땀의 한쪽 끝을 앞 땀의 밑으로 숨겨 놓는다.

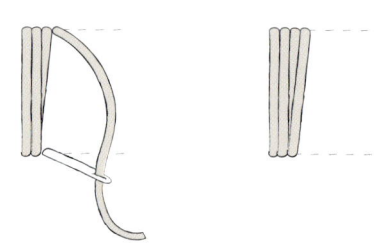

② 바뀐 방향에 맞춰 기본 평수와 같은 땀을 놓는다.

각도를 바꾸는 땀의 위치

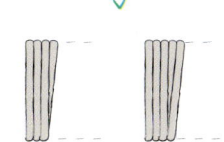 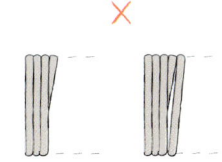 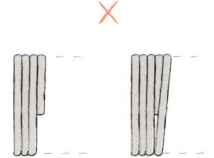

자연스럽게 각을 바꾸기 위해 앞 땀의 3분의 2를 지나 끝점에 가까운 지점에 바늘을 찔러 넣는다.

앞 땀의 3분의 2 지점보다 짧은 곳에 땀을 밀어 넣으면 각도가 급하게 바뀌어서 다음 땀과의 사이에 빈틈이 생긴다.

땀 을 앞 땀 밑으로 밀어 넣지도 않고 땀의 길이도 짧으면 역시 다음 땀과의 사이에 빈틈이 생긴다.

결의 각도가 변하는 도안에서는 특히 문양의 모양에 어울리는 결 방향을 정하는 것이 중요합니다. 아래 예시와 같이 도안의 중간중간 자연스럽게 바뀌는 안내선을 그려 놓고 필요할 때마다 앞서 배운 방식으로 한 땀씩 기울여 나갑니다.

결 방향 안내선 예시

각도가 고르게 퍼져 있다.

각도가 바뀌는 곳이 한쪽에 몰려 있다.
도안에 따라 의도적으로 사용할 수도 있다.

예시의 도안과 결 방향에 맞추어 다음과 같이 평수를 놓을 수 있습니다. 땀 한쪽을 숨겨 넣을 수 있는 앞 땀이 필요하기 때문에 각도를 바꾸지 않는 일반 땀과 각도를 바꾸는 땀을 적절히 섞어 놓도록 합니다. 한자리에서 한 번만 각도를 바꿀 수 있는 것은 아니고 한자리에서 두세 번 각도를 바꾸거나 이미 각도를 바꾼 땀에 다시 땀을 밀어 넣을 수도 있습니다. 중요한 것은 땀의 개수나 횟수가 아니라 눈으로 보기에 모나지 않고 자연스러운 모양을 만드는 것입니다.

① 도안에 결을 표시한다.

② 가장자리에서 몇 땀 떨어진 곳에서 점수를 놓고 수놓기 시작한다.

③ 한쪽 끝까지 채운다.

④ 반대쪽도 채우기 시작한다.

⑤ 앞 땀 밑으로 바늘을 살짝 밀어 넣어 결의 방향을 바꾼다.

⑥ 각도가 바뀐 땀

⑦ 평행한 평수를 놓다가 필요할 때 각도를 바꾼다.

⑧ 각도가 바뀐 땀

⑨ 표시된 결 방향 안내선에 맞게 점차 바뀌는 각도

⑩ 각도가 바뀐 땀

⑪ 면을 모두 채운 후 점수를 놓아 마무리한다.

⑫ 완성된 평수

꽃잎을 평수로 채울 때 결 방향 예시

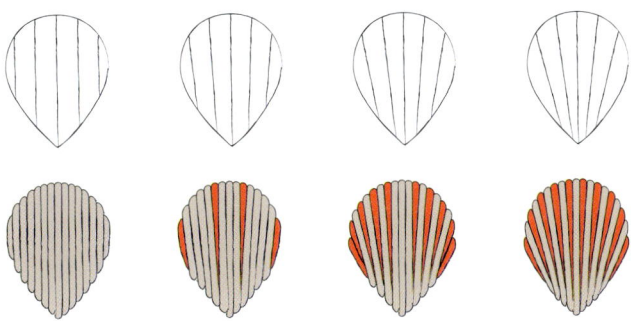

결 방향이 바뀌지 않는 평수

결 방향이 바뀌는 평수

1. 바늘을 한 방향으로만 밀어 넣어야 하나요?

아닙니다. 바늘을 수틀의 위에서 아래로 찌를 때든 아래에서 위로 올릴 때든 앞 땀을 밀어서 땀을 놓을 수 있습니다. 보통 바늘을 내리꽂을 때 각도를 기울이는 이유는 수틀의 앞면에서 바늘 끝으로 앞 땀을 미는 것이 더 편하기 때문입니다. 하지만 상황에 따라 바늘을 찌르는 방향을 바꾸어도 무방합니다.

2. 한 도안에서 결 방향의 흐름을 반대로 바꿔도 되나요?

일반적으로 꽃잎이나 물결처럼 대칭이나 한 방향의 흐름을 가진 도안은 각도를 바꾸지 않거나 부채가 펴지듯 한 방향으로만 바꾸는 경우가 많습니다. 그렇지만 구불구불한 줄기나 나뭇가지, 획이 여러 번 꺾이는 문자 등을 표현할 때는 결의 방향을 자유자재로 바꾸기도 합니다. 수의 결을 어떤 방향으로 놓든 가장 중요한 것은 수를 놓기 전에 도안과 작품의 분위기에 어울리는 결을 정해서 밑그림에 표시하는 것입니다. 각도가 미묘하게 바뀌거나 여러 번 바뀔수록 정확하게 표시해주는 것이 좋습니다.

흐름이 바뀌는 결 방향 예시

 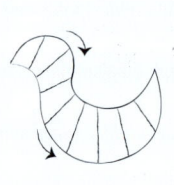 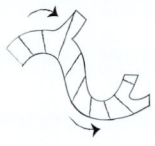 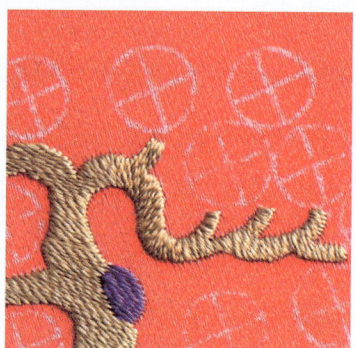

3. 각도를 바꾸려고 하지 않았는데도 바뀌었어요.

앞 장에서 연습했던 평수에서 수의 결이 틀어지는 이유와 같은 이유입니다. 바늘을 올릴 때와 내릴 때 앞 땀과의 간격에 미세한 차이가 생겨 의도와 상관없이 땀이 기울어지는 것입니다. 이때 기울어진 모습이 계획했던 결 방향과 일치하고 보기에 자연스럽다면 그대로 두어도 좋습니다. 하지만 표시된 결 방향 안내선과 어긋난 땀은 풀고 다시 놓는 편이 제일 좋습니다. 계획과 다르게 기울어진 결을 되살리기 위해 반대 방향으로 각을 자주 바꾼다면 일관성 없는 결 방향 때문에 수가 부자연스러워 보일 것입니다.

4. 각도를 바꾼 자리가 뭉툭하게 튀어나왔어요.

땀을 숨겨 놓은 자리가 튀어나왔다면 앞 땀을 너무 깊게 밀거나 덜 밀었기 때문일 것입니다. 하지만 앞 땀의 바로 아래에 잘 숨겨 놓았는데도 그 부분이 어색하다면 평수의 전체적인 밀도가 문제일 수도 있습니다. 평수가 빈틈 없이 고르게 채워져 있어야 수에 입체감이 생기고 한 땀 밑에 다른 땀이 숨어 들어갈 공간도 생깁니다. 그런데 땀 간격이 넓어서 바닥이 조금씩 비치는 상태라면 다른 땀을 제대로 숨겨주기 어렵고 미세한 오차도 눈에 잘 띕니다. 반대로 평수의 밀도가 너무 높아서 한 땀을 숨길 여유가 없는 경우에도 마찬가지로 수의 결을 흩트리는 이유가 됩니다.

∞ 띔수와 붙임수 놓는 방법

띔수와 붙임수

다음 기법으로 넘어가기 전에 두 개 이상의 도안이 나란히 붙어 있을 때 면과 면이 만나는 경계 부분을 어떻게 표현하는지 알아보겠습니다. 위의 사진에서 보이는 새 도안의 면은 모두 평수로 채워져 있습니다. 그런데 몸통과 날개 등 대부분의 면은 붙임수를 놓았고, 입을 다물고 있는 부리의 중간 경계에만 띔수를 놓았습니다. 이름 그대로 붙임수는 평평하게 붙어 있는 느낌이고 띔수는 살짝 떨어져 있는 것이 보입니다.

이렇게 경계가 분리되어 있는지 연결되어 있는지에 따라 각각 띔수와 붙임수라고 불립니다. 기법이 특별히 다른 것은 아니고 평수와 같이 면을 채우는 기법에서 경계를 표현하는 방식일 뿐입니다. 다음 그림과 같이 세 칸으로 된 도안을 칸마다 수직 방향의 평수로 채우면서 띔수와 붙임수 놓는 법을 알아보겠습니다.

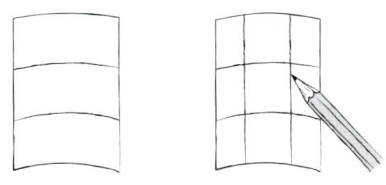

세 칸으로 나뉜 도안과 수직의 결 방향 표시

띔수	붙임수

띔수

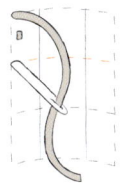 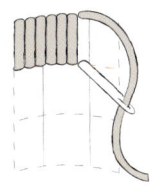

① 점수를 놓고 첫 칸을 평수로 채운다. 경계선에 맞추어 땀을 놓는다.

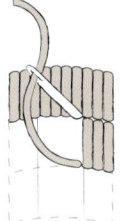 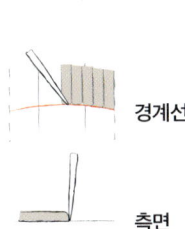

경계선

측면

② 두 번째 칸을 채울 때 바늘땀을 첫 칸의 땀 끝에 맞추어 놓는다. 바늘을 올리고 내리는 방향은 어느 쪽이든 상관없다.

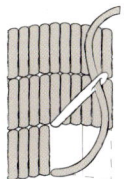 

③ 마지막 칸도 경계선에 맞추어 땀을 놓는다.

붙임수

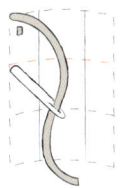 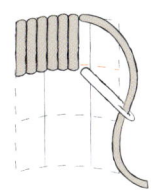

① 점수를 놓고 첫 칸을 평수로 채운다. 경계선을 지나 땀을 살짝 길게 놓는다.

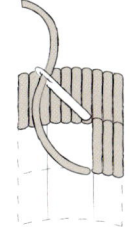 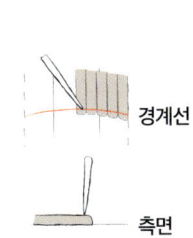

경계선

측면

② 두 번째 칸을 채울 때 바늘땀을 첫 칸의 땀 위로 1mm 지점을 '밟아' 놓는다. 아래 경계선 쪽으로도 땀을 살짝 길게 놓는다.

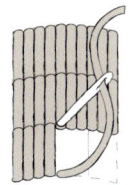 

③ 마지막 칸도 둘째 칸의 땀 위를 밟는다.

띔수와 붙임수 비교

	띔수	붙임수
방법	면과 면 사이의 경계선에 바늘땀을 맞추어 놓는다. 일부러 간격을 띄어 놓는 것이 아니라 최대한 땀끼리 바짝 붙인다.	앞 칸에 놓인 땀의 끝부분 위로 땀을 밟아 놓는다.
모양	경계선에서 만나는 땀과 땀이 서로 반대 방향으로 당겨져 살짝 틈이 생긴다.	경계선에서 만나는 땀의 끝과 끝이 겹쳐서 경계면이 부드럽게 연결된다.
순서	어느 칸을 먼저 놓든 상관없다.	원근이 구분되는 도안이라면 뒤쪽이나 먼 쪽에 있는 도안부터 채운다.
용도	경계선의 틈을 그대로 두거나 경계선을 따라 이음수, 징금수 등으로 테두리를 두른다.	넓은 도안에 임의로 칸을 나누어 면을 채우거나 칸을 채우는 순서를 이용해 원근감을 표현한다.
예시		

2. 가름수 ──────────────── 결 방향이 바뀌면서 더욱 도드라지는 자수의 질감

가름수로 놓은 나뭇잎

수를 놓는 방법 자체는 평수와 크게 다를 바 없는 가름수는 가르마를 타듯 중심선을 따라 양쪽으로 갈라진 모양의 면을 채우는 데에 사용됩니다. 나뭇잎을 놓는 데에 가장 많이 쓰이고 그 밖에 깃털이나 꽃잎 등에도 사용됩니다. 평수에서 각도를 바꿔놓는 법을 이미 배웠다면 특별히 새로울 것이 없는 기법일 수도 있지만, 나뭇잎과 같은 자연물을 더욱 자연스럽게 표현하기 위해 조금 더 연습할 만한 부분이 있습니다.

∞ 가름수 놓는 방법

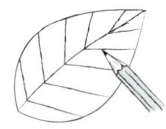

① 중심선을 기준으로 양면에 결 방향을 표시한다.

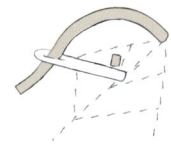

② 점수를 놓고 꼭짓점에서 중심선을 잇는 땀을 놓는다. 근처에 놓일 땀과 비슷한 길이면 된다.

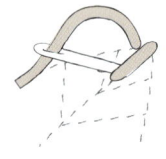

③ 앞 땀 밑으로 땀 끝을 숨겨 넣어 결 방향을 바꾼다.

④ 도안의 외곽선과 중심선을 기준으로 평수를 놓는다. 필요하면 이 자리에서 한 번 더 각도를 기울인다.

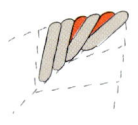

⑤ 보통 꼭짓점과 가까운 곳에서 두세 번 정도 각도를 바꿔주면 자연스럽다.

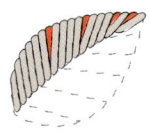

⑥ 결 방향에 맞게 땀의 각도를 바꾸면서 한쪽 면을 모두 채운다.

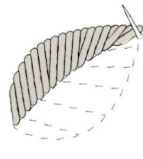

⑦ 도안이 크면 점수로 마무리하고, 그렇지 않으면 바로 반대쪽 면으로 이동한다.

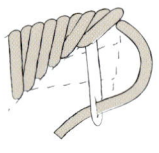

⑧ 꼭짓점에 있는 땀 밑으로 땀 끝을 숨겨 넣어 결 방향을 바꾼다.

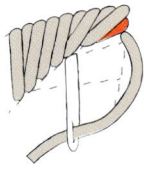

⑨ 옆면의 땀과 만나는 경계면은 띔수와 붙임수 모두 가능하다. 경계선에 잎맥을 놓을 경우는 띔수로 둔다.

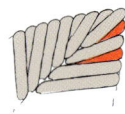

⑩ 같은 방식으로 결 방향에 맞춰 면을 채운다.

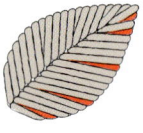

⑪ 양면을 다 채운 후 점수 두 땀을 놓고 마무리한다.

⑫ 가름수 완성

1. 자연스러운 나뭇잎의 결이 어떤 각도인지 모르겠어요.

가장 좋은 참고 자료는 실제 나뭇잎입니다. 수놓는 도안과 비슷한 모양의 나뭇잎이나 나뭇잎 사진에서 잎맥이 뻗어나간 방향을 관찰해보세요. 도안의 나뭇잎이 많이 휘어져 있거나 특이한 모양일 때는 더욱 큰 도움이 될 것입니다. 자연스럽고 무난한 나뭇잎의 결을 만들고 싶다면 아래의 여러 가지 예시 그림을 참고해보세요. 하지만 항상 자연의 잎과 똑같은 모양으로 수를 놓아야 하는 것은 아닙니다. 나뭇잎을 중심선 없이 통째로 평수를 놓는 경우도 많습니다.

실물 나뭇잎

나뭇잎 결 방향 예시

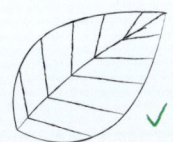

대칭의 결이 적당한 각도를 이룬다.

좁은 각도의 결은 새싹이나 싱싱한 잎의 느낌을 준다.

꼭짓점 부분을 제외하고는 각의 변화가 없다. 땀이 너무 길어진다.

넓은 각도의 결은 밋밋해 보이지만 파초나 낙엽에 어울려 쓸 수 있다.

대칭이 아닌 결은 접혀 있거나 휘어진 나뭇잎에 활용할 수 있다.

나뭇잎의 모양과 어울리지 않게 결 방향이 불규칙적으로 바뀐다.

2. 바늘을 중심선에서 올리고 외곽선 방향으로 찔러도 괜찮나요?

네, 평수와 마찬가지로 바늘을 올리고 내리는 방향은 자유롭게 바뀌도 됩니다. 앞의 설명에서 바늘을 외곽선에서 올리고 중심선에서 내리는 이유는 각도를 바꿀 때 앞 땀을 밀어 넣기 편하기 때문입니다. 만일 중심선에서 외곽선 방향으로 찔러 넣는 편이 더 편하고 만족스럽다면 처음부터 그 방향으로 시작하거나 중간에 방향을 바꿔주면 됩니다.

3. 나뭇잎의 아래쪽부터 시작하면 어떤가요?

기본적으로 평수를 놓는 것이기 때문에 결 방향을 잘 표시해둔다면 어느 쪽부터 시작해도 무방합니다. 하지만 평수의 54쪽에서 다룬 내용과 같이 첫 땀을 놓을 때는 한 땀의 길이가 명확한 쪽부터 시작하는 것이 편합니다. 그리고 도안이 대칭인 경우 도안의 한 가운데에서 시작해 반쪽을 먼저 채운 후 나머지 반쪽을 채우는 것이 효과적이기 때문에 나뭇잎의 꼭짓점부터 시작하는 것이 좋습니다.

4. 반쪽을 다 채운 다음 점수로 마무리를 해야 할까요?

한쪽 면을 다 채우고 다음 면으로 넘어가는 거리가 2cm 이하로 짧다면 바로 다음 면으로 넘어가도 됩니다. 그보다 길다면 한 면을 다 채우고 나서 점수로 마무리합니다. 수를 놓을 때에는 수의 앞면뿐만 아니라 뒷면에도 너무 긴 땀이 생기지 않게 하여 깔끔하게 두는 것이 좋습니다. 뒷면에 도안을 가로지르는 긴 땀이 있으면 다른 땀을 놓을 때 바늘이 걸리거나 실이 엉킬 수도 있습니다. 한편 1cm도 안 되는 작은 도안에 여러 번 점수를 놓고 마무리하는 것이 오히려 수의 표면을 지저분하게 만들 수도 있으니 상황에 따라 유의할 점을 살피며 융통성 있게 작업합니다.

여러 가지 모양의 나뭇잎

3. 이음수 ——————————— 직선의 바늘땀을 부드러운 곡선으로 만드는 마법

짧은 바늘땀을 연결하여 하나의 이어진 선을 만드는 이음수는 나뭇가지나 꽃줄기, 물결 등 단독적인 형태로도 사용되고, 다른 수로 채워진 면의 테두리를 두르는 데에도 사용됩니다. 직선은 물론 구불구불한 곡선까지 제대로 표현할 수 있어서 여러모로 쓰임새가 큰 기법입니다. 전통자수의 그림은 윤곽선을 뚜렷하게 보여주는 경우가 많기 때문에 이음수의 사용 빈도가 높은 편입니다. 이음수로 테두리를 두를 때는 먼저 면을 채운 다음 마지막 단계에서 이음수를 놓는 순서로 합니다. 그래야 면과 테두리 사이를 빈틈없이 깔끔하게 만들 수 있습니다.

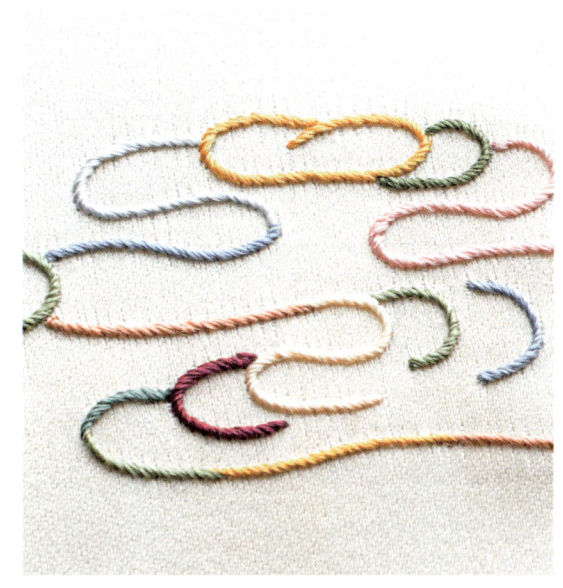

이음수로 놓은 오색구름

자수나 바느질 기법에서 연속된 선을 만드는 방법은 다양합니다. 대표적인 예로 바느질할 때 많이 쓰이는 박음질도 연속적인 선을 만드는 기법입니다. 하지만 땀과 땀 사이마다 바늘 자국이 생겨 전체적인 연결이 매끄럽지는 않습니다. 그리고 어떠한 경우에도 바늘땀 한 땀은 직선이기 때문에 엄밀하게는 완전한 곡선을 만들기 어렵습니다. 하지만 이음수를 잘 활용하면 바늘 자국이 드러나지 않으면서도 붓으로 그린 것 같이 매끄러운 선을 만들 수 있습니다.

이음수를 놓는 방법은 그림과 설명만 보았을 때 다소 복잡하게 느껴질 수도 있습니다. 또는 설명을 그대로 따라 해도 예상과 다른 결과가 나올 수도 있습니다. 사람마다 바늘을 밀고 당기는 힘의 세기가 다르고 수틀에 맨 원단의 팽팽함이나 실의 꼬임 상태가 복합적으로 영향을 주기 때문입니다. 그러므로 앞으로 이어지는 설명과 그림은 이해하기 쉽도록 정리된 이론이며 실전과 이론은 다를 수 있다는 마음을 가지고 따라 가보시길 바랍니다. 연습하는 동안 재료의 성질을 파악하면서 나와 맞는 방법을 찾는다면 이음수를 놓는 일 자체는 그리 어려운 일이 아닐 것입니다.

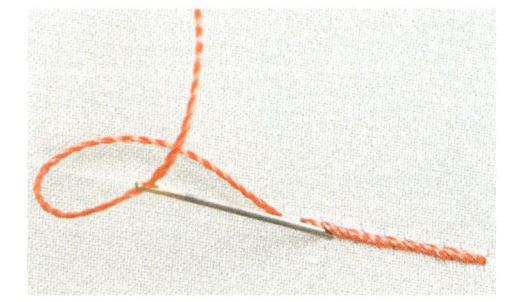

이음수 땀 밀어 넣는 모습

∞ 두 겹 이음수 놓는 방법

일정 길이의 땀을 두 겹씩 겹쳐 놓아 만드는 이음수는 가장 기본적인 모습의 이음수라고 할 수 있습니다. 땀을 한 겹이 아니라 두 겹 이상으로 두는 이유는 최대한 땀의 연결 부분을 매끄럽게 만들기 위함입니다. 땀을 두 겹 이상 겹쳐 놓으면 선에 두께와 부피가 생겨서 다음 땀을 그 밑으로 숨겨 놓기가 수월합니다. 이음수의 땀 길이와 굵기를 조절하는 방법을 알면 어떤 모양의 선이든 자유자재로 표현할 수 있습니다.

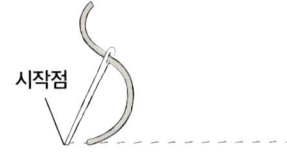

① 도안 근처에 점수를 놓고 시작한다. 한 땀만큼 앞선 자리에서부터 시작점까지 되돌아가는 땀을 놓는다. 한 땀의 길이는 보통 2~4mm 정도로 연습하고, 도안과 실에 따라 더 길거나 짧게 조정할 수 있다.

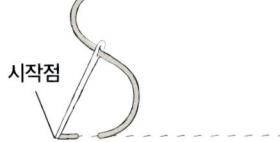

② 두 땀만큼 나아간 자리에서부터 다시 시작점으로 돌아가는 땀을 놓는다. 첫 땀과 같은 자리여도 되고 아주 가까운 자리여도 된다.

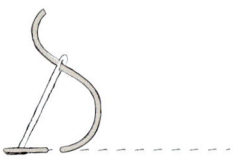

③ 세 땀만큼 나아간 자리에서부터 첫 땀의 중간쯤까지 땀을 놓는다. 이때 바늘을 눕혀 잡고 앞의 두 땀을 부드럽게 밀면서 땀 아래에 그려진 도안선으로 찔러 넣는다(71쪽 사진 참조).

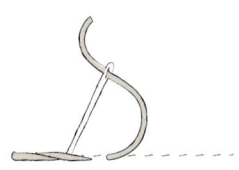

④ 네 땀만큼 나아간 자리에서부터 두 번째와 세 번째 땀이 겹친 부분의 중간까지 땀을 놓는다.

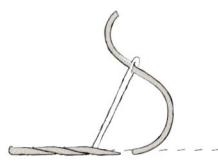

⑤ 이런 방식으로 한 땀만큼 앞선 자리에서부터 바로 앞의 두 땀이 겹친 부분의 중간까지 땀을 놓는다. 그러면 굵기가 고르고 입체적인 선을 만들 수 있다.

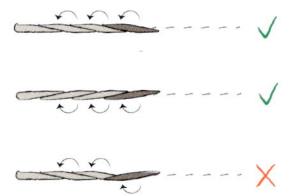

* 바늘을 미는 방향은 어느 쪽이든 한 방향으로 하고 중간에 바꾸지 않는다.

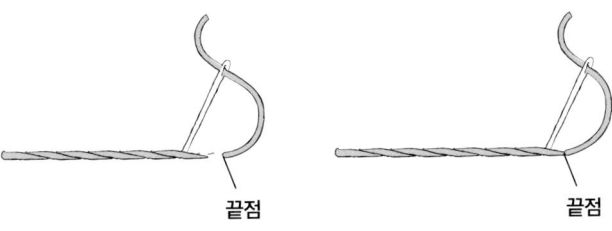

⑥ 끝점에서부터 바로 앞의 두 땀이 겹친 부분까지 땀을 놓고 나면 그 마지막 땀의 뒷부분이 한 겹인 채로 남는다. 그 부분까지 두 겹으로 만들기 위해 동일한 끝점에서부터 바로 앞의 두 땀이 겹친 부분까지 짧은 땀을 놓는다.

⑦ 마무리 점수는 근처의 평면 도안에 놓을 수 있으면 좋고, 마땅한 자리가 없는 경우에는 이음수 밑에 최대한 바짝 붙여 숨겨 놓는다.

∞ 세 겹 이음수 놓는 방법

땀이 겹치는 횟수를 두 번에서 세 번, 네 번으로 늘릴수록 이음수의 굵기가 굵어집니다. 선의 너비만 넓어지는 것이 아니라 원단 바닥으로부터의 두께도 높아지면서 입체감이 더욱 도드라집니다. 처음 연습했던 이음수와 동일한 방식으로 세 겹의 땀이 겹치는 이음수를 놓아보겠습니다.

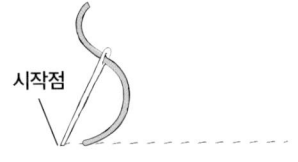

① 도안 근처에 점수를 놓고 시작한다. 한 땀만큼 앞선 자리에서부터 시작점까지 되돌아가는 땀을 놓는다.

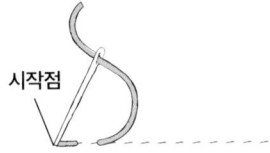

② 두 땀만큼 나아간 자리에서부터 다시 시작점으로 돌아가는 땀을 놓는다. 첫 땀과 같은 자리여도 되고 아주 가까운 자리여도 된다.

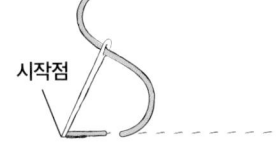

③ 세 땀만큼 나아간 자리에서부터 다시 시작점으로 돌아가는 땀을 놓는다. 이렇게 세 겹이 겹치는 두께로 약간 더 굵고 입체적인 이음수를 만든다.

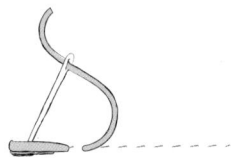

④ 네 땀만큼 나아간 자리에서부터 첫 땀의 중간까지 땀을 놓는다. 바늘을 눕혀 잡고 앞의 세 땀을 부드럽게 밀면서 땀 아래에 그려진 도안선으로 찔러 넣는다.

⑤ 계속해서 한 땀만큼 앞선 자리에서부터 바로 앞의 세 땀이 겹친 부분의 중간까지 땀을 놓는다.

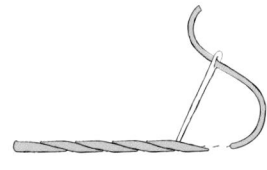

⑥ 끝점에서 바늘을 올리고 바로 앞의 세 땀이 겹친 부분까지 땀을 놓는다.

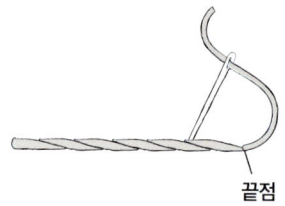
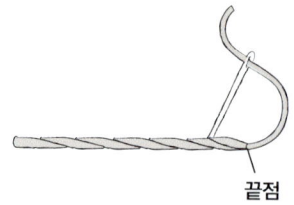

끝점

끝점

⑦ 다시 한번 같은 끝점에서 바늘을 올리고 바로 앞의 세 땀이 겹친 부분까지 땀을 놓는다. 그러면 그 마지막 땀의 뒷부분은 두 겹인 채로 남는다.

⑧ 마지막 땀까지 모두 세 겹을 만들기 위해 동일한 끝점에서부터 바로 앞의 세 땀이 겹친 부분까지 한 번 더 짧은 땀을 놓는다.

⑨ 마무리 점수는 근처의 평면 도안에 놓거나 이음수 밑에 최대한 바짝 붙여 숨겨 놓는다.

∞ 이음수 응용하는 방법

바늘땀이 겹치는 횟수를 중간에 바꾸어 선의 굵기에 변화를 줄 수 있습니다. 서너 겹으로 시작해서 두 겹으로 줄이고 마지막 땀에는 겹치는 부분 없이 가늘게 한 땀으로 남겨 놓으면 끝이 뾰족하게 삐친 붓글씨 같은 선을 만들 수 있습니다. 겹치는 횟수에 다양한 변화를 주어 선의 굵기를 바꿔 가면 구불구불한 넝쿨이나 일렁이는 물결과 같은 역동적인 느낌도 표현할 수 있습니다.

그 밖에 이음수의 굵기를 조절하는 방법으로는 자수실의 굵기 자체를 변경하는 방법이 있습니다. 같은 방식으로 수를 놓더라도 더 가는 실이나 더 굵은 실을 사용할 경우에는 당연히 다른 결과물을 냅니다. 하지만 자수실을 굵기별로 구비해 놓는 일은 드물기 때문에 한 굵기의 실로 여러 굵기의 이음수를 놓는 것이 가장 유용할 것입니다.

급격한 곡선 이음수

곡선에서의 땀 간격 조절

앞에서 이음수를 연습하면서는 땀의 길이와 간격을 일정하게 두었습니다. 보통 직선이나 완만한 곡선을 만들 때는 땀의 간격을 균일하게 하는 것이 매끄러운 선을 만드는 데에 도움이 됩니다. 하지만 급한 곡선이 있는 구간에서는 땀의 길이와 간격을 이전보다 짧게 조절해야 합니다. 반대로 심한 곡선을 지나 완만해진 구간에서는 다시 길게 만들기도 합니다.

도안선이 직선에서 곡선으로 바뀌는 경우, 곡선 구간에서만 갑자기 땀을 짧게 놓으면 앞 땀과의 차이가 크게 생겨서 연결이 부자연스럽습니다. 직선과 곡선을 자연스럽게 연결하기 위해서는 곡선이 시작되기 몇 땀 전부터 땀의 길이와 간격을 조금씩 줄여나갑니다. 작고 가파른 곡선을 놓을 때는 한 땀의 길이가 1~2mm, 또는 그 이하가 되기도 합니다. 그러면 어느 부분이 두 겹이고 어느 부분에 바늘을 찔러 넣어야 하는지 가늠하기 어렵습니다. 그럴 때는 실제 땀의 위치나 길이보다 눈으로 보는 선의 굵기와 모양에 맞추어 적당한 자리를 찾는 것이 중요합니다.

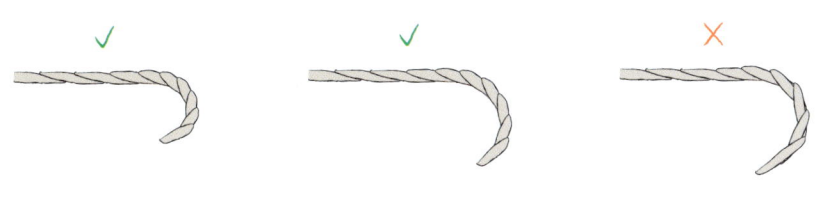

곡선 구간에서 땀 길이 조절

모서리의 뾰족한 각 표현

부드러운 곡선을 위해 신경 쓸 부분이 땀의 간격이었다면 뾰족한 각도를 표현하기 위해 필요한 것은 한 모서리에서 만나는 두 선을 별개의 선으로 생각하는 것입니다. 꺾인 선은 분명 하나로 연결된 선이지만 실제 수로 놓을 때는 다음 장의 그림과 같이 각각의 선을 분리해서 볼 필요가 있습니다. 모서리마다 마무리 점수를 놓거나 실을 끊을 필요는 없지만 각각의 선이 모서리에서 마무리되고 새로 시작되는 것처럼 놓습니다. 그렇지 않으면 땀과 땀을 겹치는 이음수의 특성상 모서리 부분이 뭉뚝해질 수밖에 없습니다.

꺾인 모서리 이음수

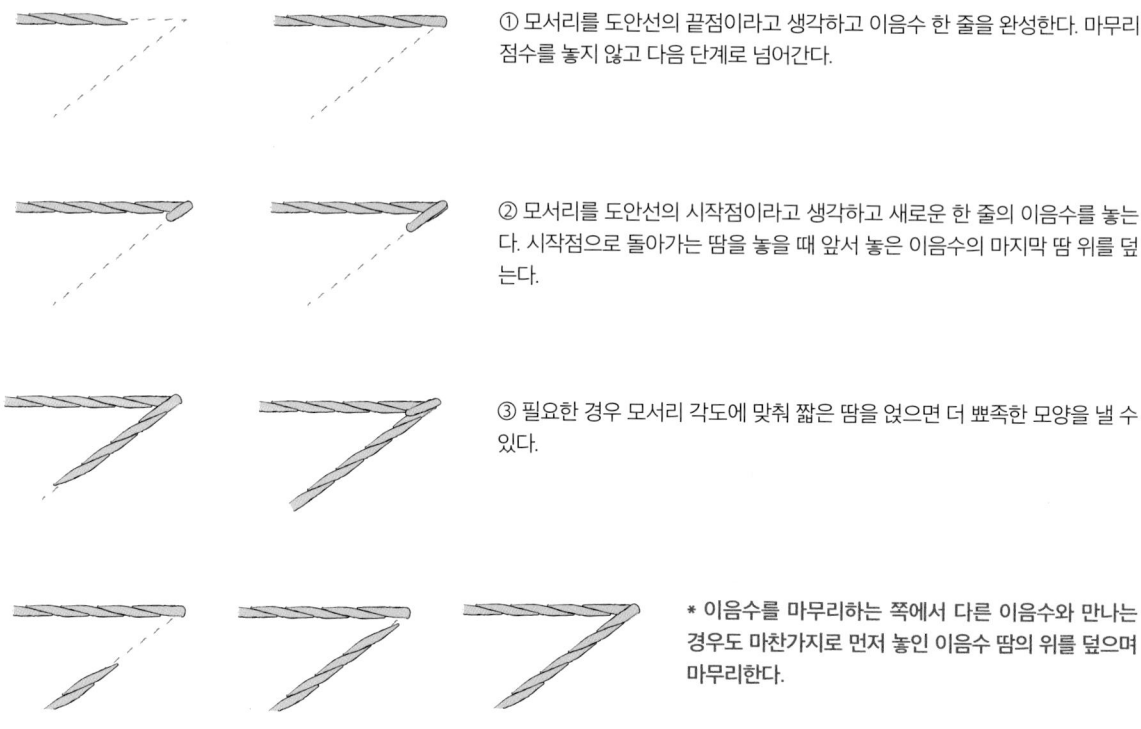

① 모서리를 도안선의 끝점이라고 생각하고 이음수 한 줄을 완성한다. 마무리 점수를 놓지 않고 다음 단계로 넘어간다.

② 모서리를 도안선의 시작점이라고 생각하고 새로운 한 줄의 이음수를 놓는다. 시작점으로 돌아가는 땀을 놓을 때 앞서 놓은 이음수의 마지막 땀 위를 덮는다.

③ 필요한 경우 모서리 각도에 맞춰 짧은 땀을 얹으면 더 뾰족한 모양을 낼 수 있다.

* 이음수를 마무리하는 쪽에서 다른 이음수와 만나는 경우도 마찬가지로 먼저 놓인 이음수 땀의 위를 덮으며 마무리한다.

시작점과 끝점의 연결

나뭇가지나 곤충의 더듬이 등을 표현할 때는 대부분 한 줄의 선을 만들기 때문에 이음수의 시작점과 끝점이 다릅니다. 그런데 한 문양의 테두리를 두를 때는 어느 한 점에서 시작해서 한 바퀴 돌아와 제자리에서 마무리할 때가 있습니다. 만약 선 중간에 각진 모서리가 있다면 바로 앞에서 다룬 방식을 이용해 모서리 지점부터 시작하는 것이 편합니다. 하지만 동그라미처럼 각진 곳 없이 하나로 연결된 선은 임의로 한 지점을 정하고 시작합니다.

이음수의 핵심은 여러 겹의 땀을 겹쳐서 고른 굵기의 선을 만드는 것입니다. 시작점이자 끝점인 한 지점에서 땀이 겹쳐야 한다면 시작할 때 미리 땀을 많이 겹쳐 둘 필요가 없습니다. 마지막 땀이 첫 땀과 겹칠 것을 예상하여 기존에 놓았던 이음수의 맨 첫 땀(한 땀 나아간 자리에서부터 시작점까지 놓는 땀)은 생략하고 두 번째 땀(두 땀 나아간 자리에서부터 시작점까지 놓는 땀)부터 시작한다고 생각하면 됩니다.

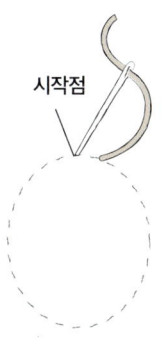

시작점

① 임의로 시작점
을 정한다.

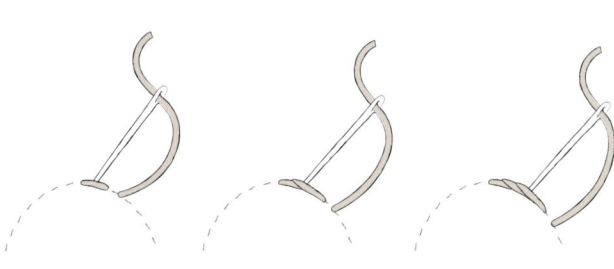

② 두 땀 나아간 자리에서부터 이음수를 놓기 시작한다. 시작점
과 가까운 부분은 한 겹으로 남겨둔다.

③ 원하는 굵기의 이음
수를 놓는다.

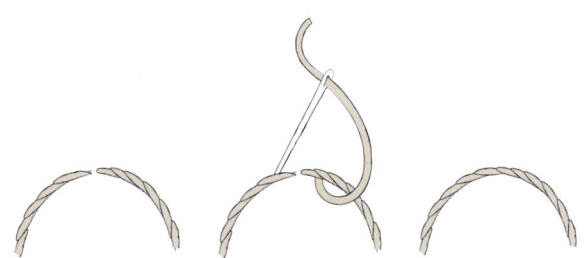

④ 마지막 땀은 첫 땀 밑으로 바늘을 비집고 나와서 연결된 모양
을 만든다. 또는 반대 방향의 땀을 놓아도 된다.

동그라미 이음수

1. 선이 매끄럽지 않고 울퉁불퉁해요.

앞서 언급되었던 여러 가지 요인으로 인해 이음수가 울퉁불퉁해질 수 있습니다. 다음의 요인 중 해당하는 내용이 있다면 상황에 맞게 보완해봅시다.

• 땀이 두 겹 이상 겹쳐 있지 않은 자리에서 다음 땀을 놓고 있지 않은가?

이음수가 손에 익지 않은 경우 바늘을 찔러 넣는 곳이 몇 겹으로 되어 있는지 바로 알아보기 어렵습니다. 아직 눈대중이나 감으로 바늘 꽂을 자리를 찾기 어렵다면 당분간은 앞 땀들을 살짝 풀어서 실제 겹친 부분이 어디인지 확인해보는 것이 좋습니다. 두 겹 굵기의 이음수라면 바로 앞의 두 땀이 겹친 구간의 중간에, 세 겹 굵기의 이음수라면 세 땀이 겹친 구간에 바늘을 찔러 넣습니다. 특별한 의도가 있는 경우를 제외하고는 한 겹만 놓인 땀 아래에 바늘을 찌르지 않도록 합니다.

• 땀을 놓을 때마다 바늘을 너무 세게 당기고 있지 않은가?

이음수뿐만 아니라 어떤 기법이든 수를 놓을 때는 실을 너무 세게 잡아당기지 않는 것이 좋습니다. 바늘과 실을 당기면 당길수록 원단이 쪼그라들면서 도안도 일그러지고 이미 놓은 바늘땀도 움직입니다. 원단의 조직이 성글거나 수틀이 느슨하게 매인 경우에는 그 영향을 더 크게 받습니다. 이음수를 놓을 때는 바늘을 당기는 손에 힘을 조금 덜어봅시다.

실을 약간 덜 당긴 듯한 정도가 오히려 팽팽하게 당기는 것보다 낫습니다. 땀에 여유를 주어 다른 땀을 숨길 만한 공간을 충분히 확보하면 더욱 유연한 선을 만들 수 있습니다. 반대로 실을 바짝 당기면 실이 납작해지면서 다음 땀이 숨을 공간이 부족해지고 숨어 있던 바늘땀도 적나라하게 드러납니다. 그러니 손에 힘을 빼고 바늘을 부드럽게 당기는 습관을 들일 필요가 있습니다. 이미 땀을 너무 세게 당겼을 경우 그림과 같이 손끝으로 땀을 살짝 밀어서 여유를 줍니다.

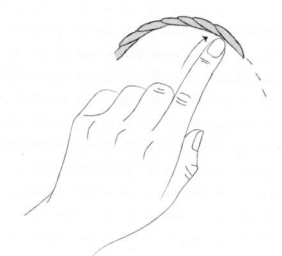

• 앞의 땀 밑으로 바늘을 밀어 넣을 때 너무 많이 밀거나 덜 밀지 않았는가?

기술적인 면에서 이음수의 가장 큰 특징이자 까다로운 점은 뒤에 놓는 땀을 앞 땀의 밑에 숨겨놓는 것입니다. 정확히 말하자면 앞 땀으로 가려진 도안선상에 바늘을 제대로 찔러 넣는 것입니다. 어떤 기법이든 도안선을 벗어난 땀이 있다면 수의 모양이 매끄럽지 않을 것입니다. 겹으로 쌓인 땀들로

인해 보이지 않는 자리에 바늘을 찌르는 것이 쉽지는 않지만 자연스러운 선의 흐름을 파악하여 최대한 도안선을 따라가 봅시다.

땀을 도안선보다 안쪽으로 또는 바깥쪽으로 살짝 어긋나게 놓았을 경우 바늘을 당기는 힘을 이용해 좀 더 유연한 대처를 할 수도 있습니다. 땀을 너무 안쪽으로 밀었다면 실에 더 넉넉한 여유를 주고, 반대로 앞 땀을 덜 민 채 선 바깥쪽으로 놓았다면 바늘을 평소보다 더 당겨서 땀이 밀려오도록 만들 수 있습니다. 다만 오차가 큰 경우에는 무리하게 실을 당기지 말고 땀을 풀어서 다시 놓는 것이 가장 좋은 방법입니다.

• 땀의 길이가 필요 이상으로 짧거나 길지 않은가?
땀의 길이와 간격에 대한 설명에서 다뤘듯이 보통 도안선 모양이 곧으면 땀의 길이가 길어도 되지만 곡선에서는 짧을수록 유리한 편입니다. 급하게 구부러지는 곡선에서는 곡선 구간뿐만 아니라 곡선이 시작되기 몇 땀 전과 끝난 후의 몇 땀까지도 짧게 두어야 전체적으로 자연스럽게 이어지는 선을 표현할 수 있습니다. 그런데 매끄러운 선을 만드는 데에 짧은 땀이 항상 긴 땀보다 유리한 것은 아닙니다. 굴곡에 변화가 없는 선에서 너무 짧은 땀은 오히려 선의 표면과 질감을 거칠게 만들 수도 있습니다.

• 실의 꼬임이 느슨해졌거나 너무 많이 꼬여 있지 않은가?
바느질을 하다 보면 습관적으로 손과 바늘이 움직이는 방향에 따라 꼰사가 풀어지거나 더 꼬일 때가 있습니다. 실의 꼬임은 수 표면의 질감을 결정짓는 중요한 요소인데, 면을 채울 때뿐만 아니라 이음수로 선을 표현할 때에도 차이를 만듭니다. 똑같은 방식으로 이음수를 놓고 있었는데 갑자기 이전보다 부스스해 보인다면 실의 꼬임이 느슨해졌을 수 있고, 반대로 너무 빳빳해 보인다면 실이 더 많이 꼬여 있을 수 있습니다. 땀을 놓으면서 실에 변화가 생기는 것은 자연스러운 일이므로 중간중간 실의 꼬임 상태를 확인하여 새 실과 비슷한 상태를 유지할 수 있도록 손질해줍니다.

2. 같은 방식으로 놓았는데도 이음수 모양이 달라요.
어느 정도 이음수가 익숙하고 자유자재로 선을 놓을 수 있게 되었는데도 불구하고 어느 날, 어느 부분은 평소와 달리 이상해 보일 때가 있을 것입니다. 앞서 나열된 문제에 해당하는 것도 아니라면 십중팔구 실이 꼬인 방향과 이음수를 놓는 방향의 변화로 생기는 차이 때문일 것입니다. 다음 그림과 같이 꼰사는 꼬임의 방향에 따라 좌연사(Z꼬임)와 우연사(S꼬임)로 구분되고 시중에 판매되는 자수용 꼰사와 반푼사는 대부분 좌연사입니다. 가지고 있는 실의 꼬임을 직접 한번 확인해보세요.

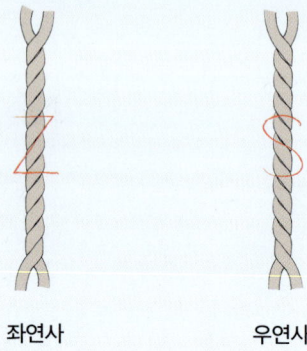

좌연사   우연사

그리고 이음수가 놓인 모습을 자세히 보면 이 역시 어떤 한 방향으로 꼬인 형태입니다. 앞 땀을 밀고 들어가는 방향이 일정하기 때문에 밧줄처럼 꼬인 모양이 생깁니다. 자수실이 꼬인 방향과 이음수를 놓는 방향이 달라지면 이음수 표면의 밧줄 무늬도 달라지게 될 것입니다. 동일한 실을 사용하더라도 바늘을 밀어 넣는 방향에 따라 생기는 이음수의 무늬와 질감이 달라집니다. 하지만 둘 다 맞게 놓은 이음수이고 두 가지를 구분하지 않고 섞어 사용해도 전혀 문제가 없습니다.

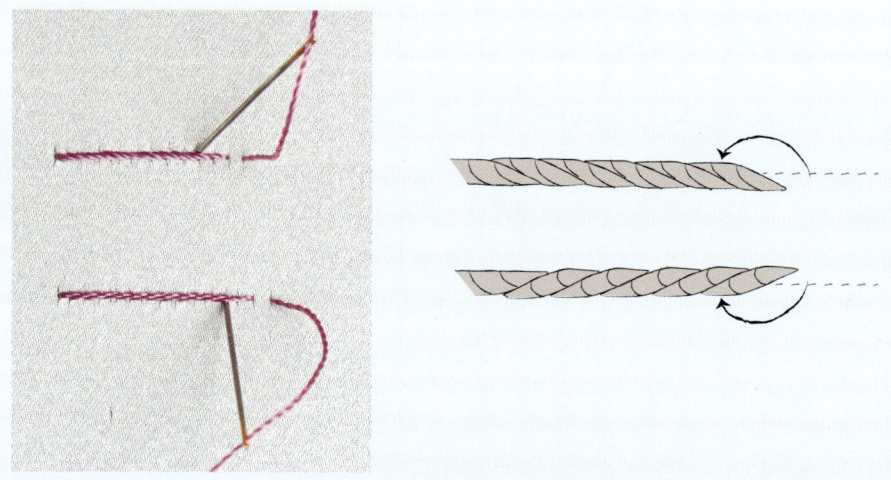

밀어 넣는 방향이 다른 이음수 비교

3. 이음수 굵기를 더 가늘게 만들고 싶어요.

아주 가는 줄기나 곤충의 더듬이 등을 이음수로 섬세
하게 표현하고 싶을 때는 꼰사 반 가닥을 사용하면
됩니다. 꼰사를 가볍게 잡고 한쪽 끝에서 한 올만 잡
아당기면 쉽게 분리됩니다. 기존의 꼰사로 평소보다
미세하게 더 가는 선을 만드는 방법도 있습니다. 수
를 놓을 때 일부러 실을 한 쪽으로 돌려서 꼬임을 많
이 주면 훨씬 가늘고 날렵한 선을 만들 수 있습니다.
같은 양의 섬유로 만들어진 실이라도 꼬임이 많으면
많을수록 굵기가 가늘고 밀도는 높은 실이 됩니다.
그밖에 더 가는 굵기의 자수실이나 견봉사를 사용하
는 방법도 있습니다.

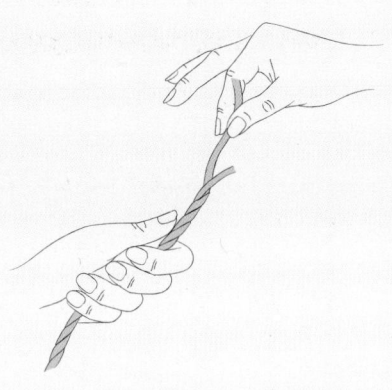

4. 씨앗수 ———————————————— 작은 씨앗에서 싹트는 몽글몽글한 입체감

작은 알갱이 모양을 놓는 씨앗수는 실에 매듭을 지어 수를 놓는 방식 때문에 '매듭수'라고도 합니다. 이 매듭을 만드는 방식은 실을 처음 바늘에 꿸 때 만드는 매듭과 거의 같습니다. 실 끝에 매듭 짓는 법을 떠올리면서 씨앗수를 연습하면 크게 도움이 될 것입니다. 씨앗수는 꽃술이나 동물의 눈, 솔방울을 놓는 등 다양한 곳에 사용됩니다. 또한 도안면 전체를 씨앗수로 가득 채워 독특한 질감을 만들 수도 있습니다.

씨앗수가 놓인 학 머리

| 1회 | 2회 | 3회 | 4회 | 느슨하게 2회 |

실을 감는 횟수에 따라 다른 씨앗수의 크기와 모양

∞ 씨앗수 놓는 방법

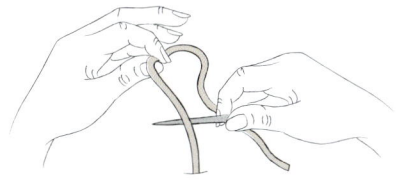

① 근처에 점수를 놓고 씨앗수를 놓을 곳에 바늘을 올린다. 실의 꼬리는 전체 실 길이의 반보다 짧게 둔다. 원단 바닥으로부터 2~3cm 정도 되는 지점의 실을 바늘과 교차하여 十자 모양을 만든다. 바늘과 실은 각각 편한 손으로 잡는다.

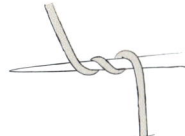

② 바늘의 중간 지점에서 실을 두 번 또는 세 번 돌려 감는다. 감는 방향은 어느 쪽이든 상관없다.

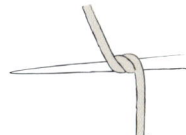

③ 실이 느슨해지지 않도록 바늘과 실을 모두 살짝 위쪽으로 당겨 잡는다.

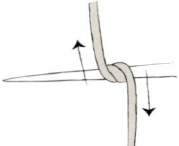

④ 바늘을 위아래로 움직일 수 있으면서도 감은 실이 풀어지지 않을 정도의 팽팽함을 유지한다.

⑤ 바늘을 수직으로 세워도 감은 실이 풀어지지 않아야 한다.

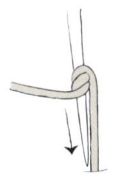

⑥ 실이 올라왔던 자리와 거의 같은 지점에 바늘을 반쯤 꽂는다.

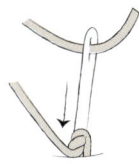

⑦ 계속해서 실을 팽팽히 유지하고 감긴 실뭉치를 원단 바닥에 앉힌다.

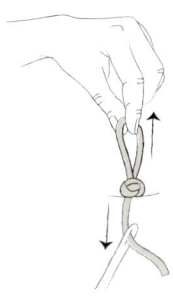

⑧ 바늘을 잡던 손을 떼어 수틀 아래로 내려간 바늘을 잡고 밑으로 내린다. 실을 잡고 있는 손은 끝까지 실의 팽팽함을 유지하다가 실고리가 손가락 굵기보다 작아지기 전에 손을 놓는다. 이때 바로 바늘을 너무 빠르게 내리지 말고 천천히 당기다가 잠시 멈추어 본다.

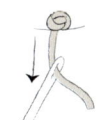

⑨ 실고리를 손에서 놓아도 실뭉치가 풀어지지 않는 것을 확인한 후 바늘을 끝까지 당긴다. 근처에 점수로 마무리한다.

바늘에 실을 감는 방법을 달리하여 씨앗수를 활용할 수 있습니다. 바늘에 실을 감는 횟수를 바꾸면 씨앗수의 크기가 달라지고, 바늘에 감은 실을 일부러 느슨하게 둔 채 매듭을 지으면 풍성한 모양이 생깁니다. 실을 감는 횟수는 정해진 법이 없지만 2~3회를 감았을 때 씨앗수 모양이 가장 둥글고 일반적인 자수 문양의 크기와 어울리기 때문에 가장 많이 쓰입니다. 한 번만 감으면 알갱이 모양이라기보다는 실이 잘못 엉켜서 묶인 자국으로 보일 수도 있습니다. 반대로 5회 이상으로 너무 많이 감으면 둥근 구형이 아니라 길쭉한 쌀알 모양이 됩니다. 여러 가지 모양을 연습해보고 원하는 모양과 크기의 씨앗수를 적절히 사용해봅시다.

씨앗수로 채운 면

씨앗수는 평면을 채우는 데에도 종종 사용됩니다. 국화꽃 중심에 뭉쳐있는 꽃술이나 석류에 가득 채워진 알맹이, 주름이 많은 학의 머리처럼 울퉁불퉁하게 튀어나온 질감을 표현하기에 좋습니다. 그 밖에도 문양의 성격이나 질감과 상관없이 면을 채우는 기법으로 사용해도 됩니다. 씨앗수로 면을 가득 채울 때는 빈 원단 바닥에 바로 놓아도 되고 도안면을 평수로 채운 다음 그 위에 놓을 수도 있습니다.

∞ 평수 위에 씨앗수를 채우는 방법

① 도안면을 평수로 채운다.

② 평수의 땀을 밟아 씨앗수를 놓는다.

③ 평수 위에 올려진 씨앗수

④ 도안면을 채운 씨앗수

1. 실을 감고 바늘을 원단에 꽂을 때 실이 자꾸 풀려요.

바늘을 원단에 꽂을 때 실이 흘러내릴까 봐 수직으로 꽂지 못하고 옆으로 눕히거나 손가락으로 계속 실을 붙잡고 있지 않는지 확인해봅시다. 실이 느슨해지면 다시 실을 바짝 잡아당겨 탄탄한 매듭을 만들어줍니다. 연습할 때 가장 중요한 것은 처음부터 끝까지 바늘에 감긴 실의 팽팽함을 유지하도록 양손에 적당한 힘을 주는 것입니다.

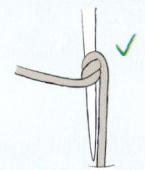

바늘을 수직으로 세워도
실이 흘러내리지 않는다.

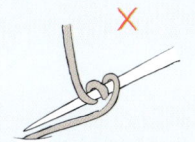

실이 풀리고 바늘이 눕는다.

실을 손가락으로 잡는다.

2. 마음에 들지 않는 씨앗수는 어떻게 풀고 다시 놓나요?

씨앗수의 가장 큰 단점을 꼽자면 바로 한번 놓은 땀을 다시 풀기 어렵다는 점입니다. 실을 묶어서 만든 매듭이기 때문에 풀기가 쉽지 않고 억지로 풀고 나면 실이 손상되어 있을 것입니다. 마음에 들지 않는 씨앗수는 가위로 잘라내는 것이 가장 확실한 방법입니다. 그러므로 먼저 수틀의 남은 공간에 충분히 연습한 후 실전에 들어가는 것을 추천합니다.

3. 씨앗수 하나를 놓을 때마다 점수를 놓아야 하나요?

같은 공간에 여러 개를 연속으로 놓는 상황에서 매 씨앗수마다 점수로 마무리해야 하는 것은 아닙니다. 하지만 가능하면 중간중간 점수를 놓아주는 편이 좋습니다. 만약 몇 개의 씨앗수를 놓던 도중 잘 못 놓은 씨앗수 한 개를 잘라내야 한다면 같은 실에 연결된 앞의 땀들도 결국 뜯어내야 할 것입니다. 하지만 중간에 점수를 놓았다면 그 지점까지의 씨앗수는 살릴 수 있습니다. 잘 놓인 땀을 아깝게 버리지 않도록 여러 개의 씨앗수를 한 번에 놓을 때는 틈틈이 점수를 놓아줍니다.

4. 더 크거나 더 작은 씨앗수를 만들고 싶어요.

앞 장에서 바늘에 실을 감는 횟수를 계속 늘리는 것만으로는 원하는 모양의 씨앗수를 크게 만들기 어렵다는 점을 설명하였습니다. 구의 형태를 유지하면서도 크기가 큰 씨앗수를 놓기 위해서는 평소보다 굵은 실을 사용해봅시다. 굵은 실이 없다면 기존의 실을 한 가닥 반이나 두 가닥을 한 번에 바늘에 꿰어 수놓아도 됩니다. 이때에는 바늘 구멍이 더 큰 바늘이 필요할 수도 있습니다. 반대로 씨앗수의 크기를 작게 만들기 위해서 더 가는 실을 쓰거나 가지고 있는 자수실의 반 가닥만 사용해도 됩니다.

5. 바늘을 아래로 빼는 도중에 실이 엉켜요.

씨앗수를 놓을 때 바늘에 감긴 실이 풀릴까 봐 재빠르게 바늘을 당기는 경우를 종종 봅니다. 실을 빠르고 세게 잡아당기면 실이 꼬이면서 엉키기 쉽고 엉킨 실을 다시 풀기도 어렵습니다. 실의 팽팽함을 제대로 유지하고 있으면 바늘을 천천히 움직여도 안정적으로 매듭을 만들 수 있다는 점을 다시 한번 강조하고 싶습니다. 실을 천천히 잡아당길 때 오히려 더 둥글고 통통한 씨앗수를 만들기 쉽고, 만약 중간에 실이 엉키면 풀기도 수월합니다. 씨앗수를 연습하는 동안 의식적으로 실이 감긴 부분을 확인하는 습관을 들입시다.

6. 씨앗수가 원단 뒷면으로 빠졌어요.

조직이 성근 원단이라면 작은 씨앗수를 놓기에 적당하지 않을 수 있습니다. 그런데 밀도가 높은 원단에서도 바늘을 너무 힘껏 잡아당기면 씨앗수가 밑으로 빨려 들어가기도 합니다. 그러니 바늘을 당길 때는 너무 세게 당기지 않도록 주의합니다. 이미 뒷면으로 빠진 씨앗수는 잘라서 없애는 것이 좋고, 큰 문제가 없어 보인다면 그대로 두어도 괜찮습니다.

7. 실이 짧으면 씨앗수를 못 놓나요?

평수나 이음수를 놓을 때는 마지막에 점수를 놓을 정도의 여유만 있으면 실을 끝까지 아껴 쓸 수 있습니다. 하지만 씨앗수 같은 기법은 한 땀을 놓기 위해 실을 바늘에 감고 나서 여분의 실을 붙잡고 있을 정도의 길이가 필요합니다. 그래서 다른 기법을 놓을 때보다 실을 교체해야 하는 주기가 짧습니다. 실의 기장이 씨앗수를 놓기에 짧더라도 다른 수를 놓을 때 활용할 수 있으니 잘 모아두었다가 다음번에 쓰도록 합니다.

5. 솔잎수 ——————————————————— 한결같이 곧고 푸른 소나무에 대한 찬사

특별히 소나무의 잎을 표현하기 위한 기법이 있다는 점이
재미있습니다. 그만큼 우리 전통자수에서 소나무가 많은
부분을 차지하고 있다는 것을 알 수 있습니다. 솔잎은 뾰
족하게 솟은 여러 가닥의 침이 특징이기 때문에 그 모양을
흉내 내어 놓은 수라면 기본적으로 모두 솔잎수라고 할 수
있습니다. 그중에서도 규칙처럼 굳어진 두 가지 형태의
솔잎수에 대해서 배워보겠습니다. 그리고 솔잎수 기법의
다른 활용법도 알아봅시다.

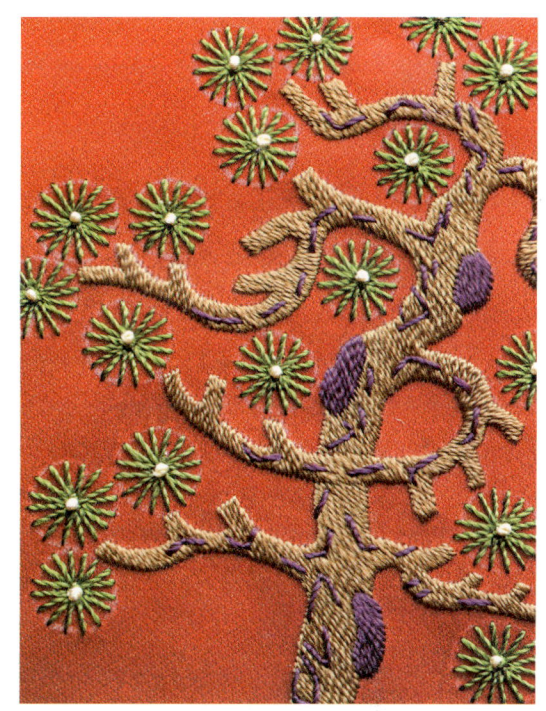

솔잎수로 놓은 솔잎

∞ 원형 솔잎수 놓는 방법

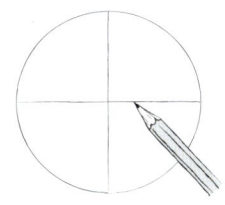

① 동그란 도안면 안에 十자
선을 표시한다.

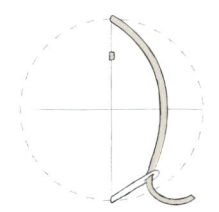

② 근처에 점수를 놓는다. 정
중앙의 교차점은 피한다.

③ 十자 선을 놓는다. 가로와
세로의 순서는 상관없다.

④ 앞의 十자를 가로지르는
十자 선을 놓는다.

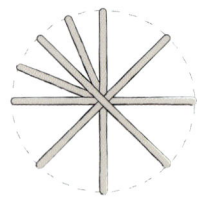

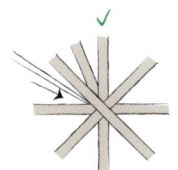  

* 바늘을 중심점 가까이 찌르는 모습

⑤ 각 칸의 각도를 반으로 가르며 반지름 길이의 땀을 채워나간다.

중심점에 가까운 땀 밑으로 바늘을 밀어 넣는다.

중심점과 땀 사이에 틈이 생기지 않게 한다.

다른 땀 위를 밟지 않는다.

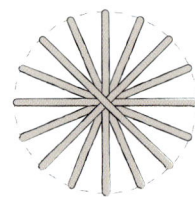 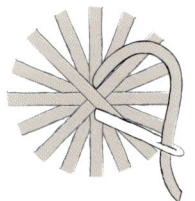 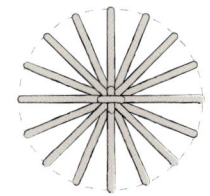

⑥ 한 바퀴 모두 채운 모습

⑦ 긴 十자 선의 교차점을 고정하기 위해 짧은 땀으로 十자 선을 놓는다. 근처의 땀을 밟아도 된다.

⑧ 점수를 다른 땀 아래에 숨겨 마무리한다.

땀수에 따라 다른 원형 솔잎수 모양

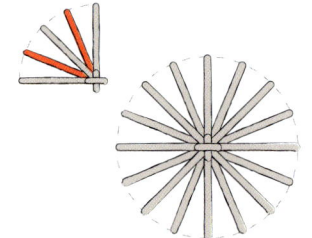  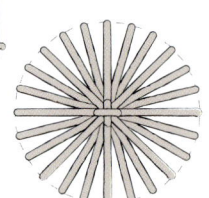  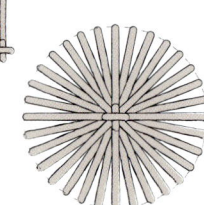

88

∞ 부채꼴 솔잎수 놓는 방법

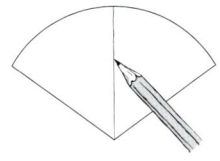

① 도안면 중간에 수직선을 표시한다. 필요에 따라 안내선을 추가로 그려도 된다.

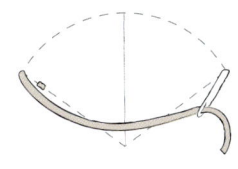

② 근처에 점수를 놓은 후 양 끝을 잇는 긴 땀을 놓고 느슨하게 둔다.

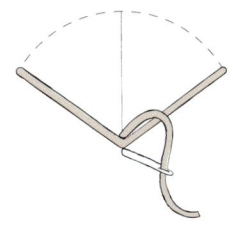

③ 꼭짓점 안쪽으로 긴 땀을 걸고 나와서 바짝 당긴 후 짧은 땀으로 고정한다.

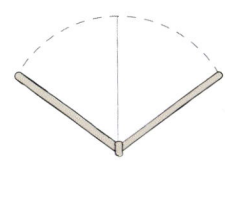

④ 완성된 V자 모양

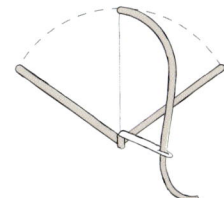

⑤ 도안의 중심선 한 땀을 꼭 짓점에 바짝 붙여 놓는다.

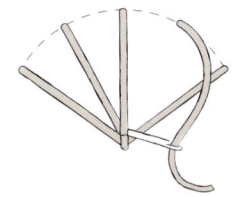

⑥ 원형 솔잎수와 같은 방식으로 각 칸을 반씩 나눈다.

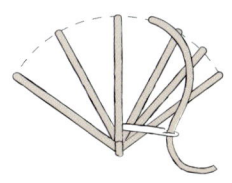

⑦ 원하는 만큼 땀을 채워 놓는다.

⑧ 점수를 다른 땀 아래에 숨겨 마무리한다.

땀수에 따라 다른 부채꼴 솔잎수 모양

부채꼴 형태의 솔잎수는 비교적 실제 솔잎과 비슷한 모양으로 자연스러운 느낌이 나고, 원형의 솔잎수는 정형적이고 기하학적이면서 귀여운 느낌도 듭니다. 두 형태 모두 솔잎의 밀도는 원하는 만큼 조정할 수 있고, 솔잎을 빽빽하게 채울수록 각도가 변하는 평수와 비슷한 모습이 됩니다.

∞ 솔잎 위에 솔방울 얹는 방법

여러 가지 모양의 솔잎수

솔잎수는 씨앗수와 한 쌍으로 놓아 완성하는 경우가 많습니다. 씨앗수의 둥글고 톡 튀어나온 모양이 솔잎 사이에 달린 솔방울 역할을 해줍니다. 원형 솔잎수에는 한가운데에 솔방울이 자리하고, 부채꼴을 비롯한 나머지 형태의 솔잎수에는 놓는 기법에 크게 관계없이 대개 한가운데의 가장 아래쪽에 자리합니다. 솔방울을 놓을 때는 씨앗수를 놓을 위치에 있는 솔잎수의 땀을 제대로 밟아 놓는 것이 좋습니다. 만약 땀을 밟지 않고 땀과 땀 사이에 씨앗수가 놓이면 빽빽한 땀들 사이로 씨앗수가 숨어 들어갈 수 있고 입체감도 줄어듭니다. 그리고 땀을 밟을 때는 최대한 땀의 정중앙을 밟아야 씨앗수가 한쪽으로 기울지 않고 바르게 얹어집니다.

씨앗수로 솔방울 장식을 한 솔잎수

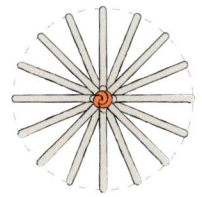

1. 둘레가 둥글지 않고 삐죽삐죽해요.

어떤 기법의 수를 놓든지 바늘땀을 도안선에 잘 맞추어 놓는 것이 중요합니다. 그에 앞서 도안선을 그대로 의지할 수 있으려면 도안이 똑바로 그려져 있어야 합니다. 원형이나 곡선을 그릴 때는 다른 부분을 그릴 때보다 조금 더 신경 써서 깔끔하게 표시하는 것이 좋겠습니다. 그리고 한 줄의 도안선 안에서도 바깥쪽 선을 기준으로 할 것인지 안쪽 선을 기준으로 할 것인지를 확실히 정하고, 땀을 놓을 때는 바늘을 너무 세게 당기지 않도록 주의합니다.

2. 각도를 균일하게 나눠 넣기 어려워요.

눈대중으로 솔잎 사이사이의 각도를 나누는 것이 쉽지 않을 것입니다. 그럴 때는 도안에 미리 모든 솔잎선을 그려 놓아도 됩니다. 다만 도안선 자체가 똑바르지 않다면 바늘땀을 제대로 놓기 힘든 것은 물론, 오히려 잘못 그린 선이 그대로 드러나 지저분해 보일 염려도 있습니다. 그러니 도안은 항상 깔끔하고 정확하게 그리고 도안선이 없을 때는 여러 번 바늘을 찔러보면서 정확한 자리를 찾아봅시다.

3. 솔잎수는 소나무 도안에만 사용하나요?

다양한 모양의 솔잎수는 장식적인 문양으로 사용하기도 합니다. 넓은 면에 규칙적으로 채우는 무늬처럼 사용할 수도 있고 솔잎이 아닌 다른 문양을 표현할 수도 있습니다. 원형 솔잎수로 국화나 패랭이꽃처럼 꽃잎의 생김새가 가느다랗거나 뾰족한 꽃을 만들 수 있습니다. 둥근 모양 대신에 마름모꼴이나 다른 도형으로 바꾸어 그리면 마치 별이 반짝이는 것 같은 모양도 낼 수도 있습니다. 부채꼴 솔잎수로는 민들레 홀씨 모양의 꽃이나 꽃 중앙부에서 위로 솟은 꽃술을 표현할 수 있습니다. 그리고 V자 모양의 선은 여러모로 쓰임이 많습니다. 동물의 수염이나 꽃받침, 나뭇잎의 잎맥 등 꺾은 선으로 표현할 수 있는 무늬라면 어디에든 활용할 수 있습니다.

부채꼴 솔잎수 기법 응용 예시

6. 자릿수 ———————— 한국자수의 정교함과 정성스러움의 진수

자릿수로 놓은 연꽃

자릿수를 소개하려면 다른 설명보다 먼저 대나무나 짚으로 엮은 돗자리를 보여주는 것이 큰 도움이 됩니다. 일정한 간격으로 면을 촘촘히 채운 모습이 정교하게 짜인 돗자리와 비슷하기 때문입니다. 면을 채운다는 점은 평수와 같지만 자릿수는 규칙적이고 반복적인 변화가 있다는 점이 크게 다릅니다. 그리고 그 일정한 변화로 인해 특유의 무늬와 질감을 가지게 됩니다.

돗자리

자릿수의 용도를 크게 두 가지로 나누면 넓은 면을 채우는 용도와 두 가지 이상의 색을 섞는 용도가 있습니다. 평수만으로 채우기에는 도안의 면적이 너무 넓을 때, 또는 도안이 크지는 않지만 놓고 싶은 결 방향의 길이가 너무 길 때는 평수를 대체할 수 있는 기법이 몇 가지 있습니다. 그중 대표적인 기법이 바로 자릿수입니다. 특히 한국자수의 대표적인 소재인 꼰사와 자릿수의 조합은 한국자수의 정수를 보여줍니다. 실 한 가닥 한 가닥의 결이 잘 드러나는 꼰사는 자릿수의 정갈한 모습을 숨김없이 보여주고 자릿수는 꼰사의 탄탄한 질감을 더욱 돋보이게 합니다. 여러 색실을 섞어 놓은 자릿수에서는 돗자리의 짜임과 같은 무늬가 더욱 눈에 띕니다. 다른 색의 땀이 교차하는 곳은 마치 퍼즐 조각을 꼭 맞추어 놓은 듯 보입니다. 실의 색을 점진적으로 바꾸어 은은한 농담을 표현할 수도 있고, 대비되는 색을 사용하여 시각적인 재미를 더할 수도 있습니다.

단색 자릿수

여러 색 자릿수

면을 채우는 기법을 놓을 때 수의 결 방향을 그려놓는 것은 이미 익숙해진 준비 작업이라고 생각합니다. 결 방향을 위한 안내선 외에도 자릿수에서는 미리 표시해야 할 선이 하나 더 있습니다. 바로 한 땀의 길이에 해당하는 층을 나누는 것입니다. 다음 장의 예시와 같이 수를 놓는 방향이 수직일 때 층을 나누는 방향은 수직의 반대(수평 방향) 또는 반대와 가까운 방향(여러 가지 대각선 또는 곡선 등)이 됩니다. 층을 나눌 때 가장 주의해야 할 점은 층과 층 사이의 간격입니다. 한 층의 높이는 작품의 규모와 실의 굵기 등에 따라 다르지만 일반적으로 3~5mm 정도가 적당합니다. 실제로 땀을 놓을 때는 최대 두 층에 걸쳐 땀을 놓기 때문에 결국 한 땀의 길이는 6~10mm 정도가 될 것입니다. 자릿수를 놓기 전에 다음의 예시를 보고 안내선을 표시하는 연습을 먼저 해봅시다.

자릿수 안내선 예시

——— 결 방향선
——— 층 구분선

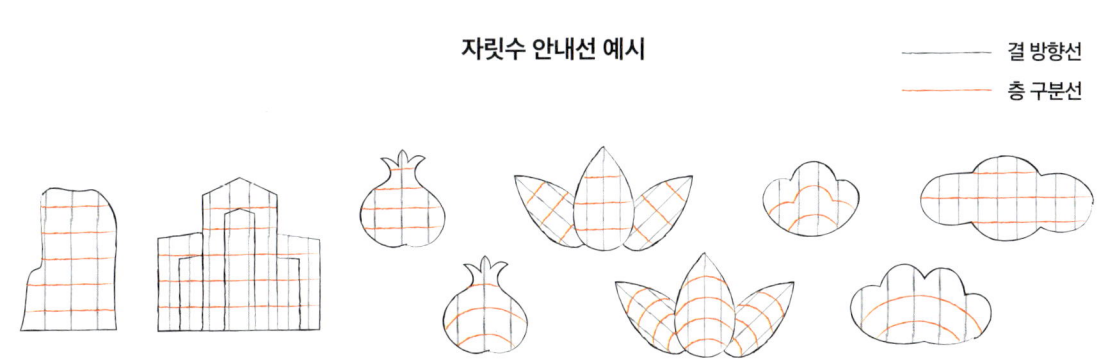

곡선으로 나눈 층

바뀌는 결 방향

자릿수 땀 밟는 모습

결 방향과 층을 나누고 나면 수를 놓기 시작합니다. 자릿수의 기본이 되는 기법은 평수와 붙임수(64~66쪽 참조)입니다. 층의 경계에서 땀과 땀이 만날 때마다 붙임수를 놓듯이 먼저 놓인 땀의 끝을 정확히 밟는 것이 중요합니다. 자릿수는 정해진 규칙에 따라 각 땀이 놓여야 할 자리가 분명한 기법이기 때문에 땀을 제자리에 정확히 놓지 않으면 비뚤게 놓인 땀이 더 눈에 잘 띕니다. 그렇다고 땀을 추가하거나 생략하기도 어려워서 잘못 놓은 땀을 보완하기에도 쉽지 않습니다. 따라서 자릿수를 연습할 때에는 미리 표시해 놓은 안내선을 따라 원래의 계획을 실천하는 데에 집중해 봅시다. 그리고 그러기 위해서는 처음부터 정확한 결 방향과 층을 나누는 것이 중요합니다.

∞ 자릿수 놓는 방법

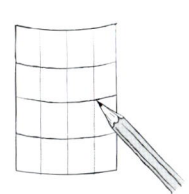

① 도안에 결 방향선과 층 구분선을 모두 표시한다.

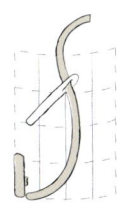

② 점수를 놓고 1층과 1~2층 길이의 땀을 교대로 놓는다. 땀의 순서나 방향은 어디에서부터든 상관없다.

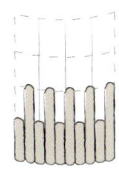

③ 1층은 평수를 채운 듯한 모양, 2층은 한 땀 건너 한 땀이 놓인 상태가 된다.

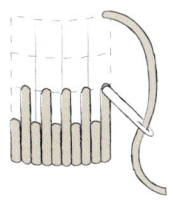

④ 2~3층 길이 땀과 3~4층 길이 땀을 교대로 놓는다. 땀과 땀이 만나는 경계선은 붙임수로 둔다.

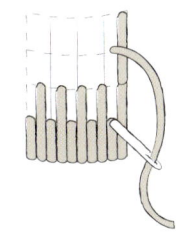

⑤ 땀을 밟는 곳에서 바늘을 찌르는 것이 편하지만 반대로 해도 된다.

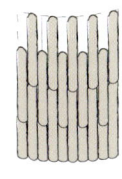

⑥ 4층만 한 땀 건너 한 땀이 놓인 상태가 된다.

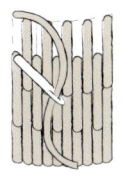

⑦ 빈 공간에 땀을 채운다.

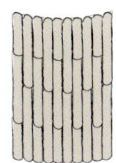

⑧ 점수로 마무리한다.

③번 이후 다른 방식으로 채울 수도 있다.

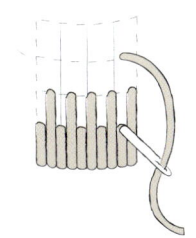

④ 2~3층 길이의 땀만 채운다.

⑤ 3층은 한 땀 건너 한 땀이 놓인 상태가 된다.

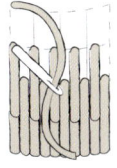

⑥ 4층과 3~4층 길이의 땀을 교대로 놓는다.

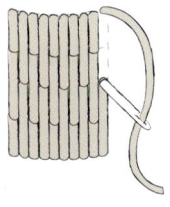

⑦ 면을 모두 채운 후 점수로 마무리한다.

수의 결 방향과 층을 정하고 붙임수 기법으로 땀과 땀을 톱니 맞물리듯이 채워 놓는 것이 자릿수의 기본 방식입니다. 층을 나누는 선이 어떤 모양이든 바늘을 움직이는 방향이 어느 쪽이든 상관없습니다. 다만 평수를 놓을 때와 마찬가지로 도안의 끝이 둥글거나 불규칙한 모양이라면 자릿수의 첫 땀도 도안의 중간쯤에서 시작하는 것이 좋습니다(54쪽 참조). 다음은 유물에서 자주 보이는 자릿수의 활용법 중 몇 가지 예시입니다.

층 구분과 색상을 다르게 한 자릿수 예시

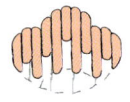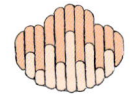

꽃 모양을 따라 층을 나누고
두 가지 색을 사용했다.

도안의 가운데만 층을 나누고
나머지는 평수로 두었다.

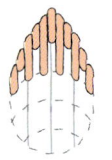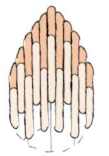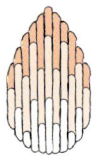
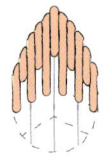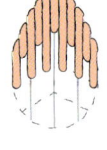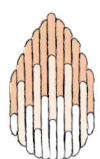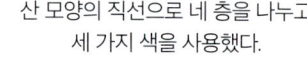

곡선으로 다섯 층을 나누고
세 가지 색을 사용했다.

산 모양의 직선으로 네 층을 나누고
세 가지 색을 사용했다.

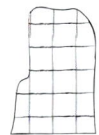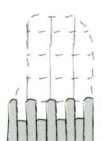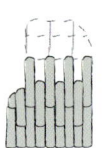
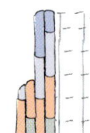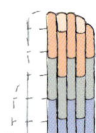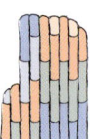

여러 층을 수평선으로 나누고
단색으로 채웠다.

도안을 반으로 나누어 층이 연결되는 부분을
다르게 시작하고 여러 색을 사용했다.

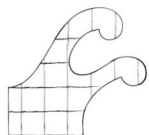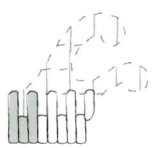

부분적으로만 다른 색을 사용했다.

앞의 예시에서는 결 방향이 모두 수직이었습니다. 이번에는 결의 방향이 바뀌는 자릿수에 대해 알아보겠습니다. 평수와 마찬가지로 자릿수도 땀의 방향을 바꿀 수 있습니다. 도안의 모양에 어울리도록 땀의 방향을 바꿔놓은 자릿수는 그렇지 않은 자릿수에 비해 입체적이고 생동감이 있습니다. 하지만 일반적인 평수의 방향을 바꾸는 것과 달리 자릿수는 다른 층에서 놓이는 땀과의 연결성을 고려해야 한다는 점 때문에 조금 더 까다롭습니다. 두 가지 예시를 통해 결 방향을 바꾸면서 자릿수를 놓는 법을 연습해봅시다. 하나는 네 층의 도안에서 결의 각도가 살짝 바뀌는 경우이고 다른 하나는 다섯 층의 도안에서 각도가 급하게 바뀌는 경우입니다. 설명된 예시는 기술적인 방법을 소개하는 데에 의의가 있을 뿐, 수많은 경우의 수 중 한 가지입니다. 그러니 예시를 통해 필요한 곳에서 땀을 적절히 조절하는 유연함을 배워봅시다.

∞ 결 방향이 바뀌는 자릿수 놓는 방법 1

① 도안에 결 방향선과 층 구분선을 표시한다. 대칭인 도안은 중간부터 땀을 놓기 시작한다.

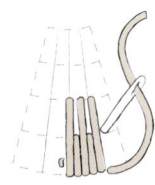

② 점수를 놓고 1층과 1~2층 길이의 땀을 교대로 놓을 때 결 방향에 맞추어 땀의 각도를 조금씩 기울인다.

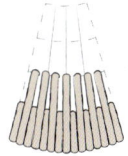

③ 땀의 각도가 바뀌는 수를 놓을 때는 면적이 넓은 쪽에서 좁아지는 방향으로 땀을 놓는 것이 좋다.

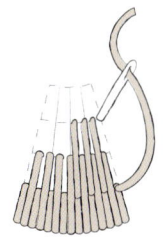

④ 2~3층 길이의 땀을 놓는다. 경계선은 붙임수로 둔다.

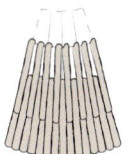

⑤ 바늘을 꽂는 쪽에서 각도를 바꾸기 편하므로 땀을 밟는 쪽에서 바늘을 올리고 각도를 바꾸는 쪽으로 내린다.

⑥ 3~4층과 4층 길이의 땀을 교대로 놓는다. 짧은 땀을 놓을 때 결 방향에 맞추어 각도를 바꾼다.

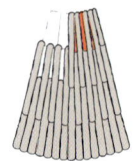

⑦ 첫 두 층에서는 바늘땀의 각도를 조금씩 틀어 놓는 것만으로도 결의 방향을 바꿨지만, 더 좁은 곳에서는 평수에서 각도를 바꾸는 방법과 마찬가지로 땀의 끝부분을 앞 땀에 숨겨놓는다.

⑧ 매번 각도를 바꾸는 것이 아니라 결 방향에 따라 필요할 때만 바꾼다. 사이에 숨겨놓은 땀이 있더라도 자릿수 본래의 짜임 무늬에 맞게 길게 내려온 땀과 짧게 내려온 땀이 교대로 놓이게 한다.

⑨ 면을 모두 채운 후 점수로 마무리 한다.

∞ 결 방향이 바뀌는 자릿수 놓는 방법 2

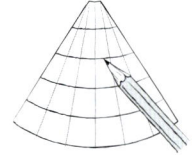

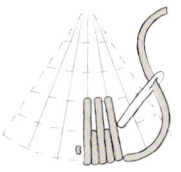

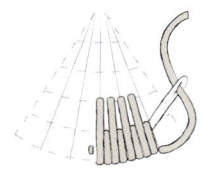

① 도안에 결 방향선과 층 구분선을 표시한다.

② 1층과 1~2층 길이의 땀을 결 방향에 맞게 교대로 놓는다.

③ 땀을 기울이는 것만으로는 부족할 때는 앞 땀에 땀을 밀어 넣는다.

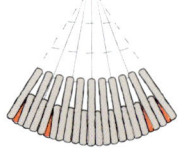

④ 길고 짧은 땀이 섞여 있을 때는 짧은 쪽에서 각을 바꾸는 것이 자연스럽다.

⑤ 각을 바꾸는 횟수나 위치는 정해져 있지 않고 최대한 자연스럽게 만들면 된다.

⑥ 2~3층과 3~4층 길이의 땀을 교대로 놓는다.

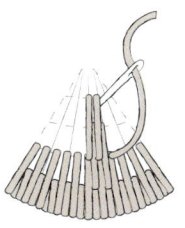

⑦ 3~4층 길이의 땀을 바로 옆 3~4층 땀 아래로 숨겨놓아 각도를 바꾼다.

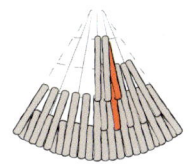

⑧ 결과적으로 하나의 땀 아래로 연속된 2~3층과 3~4층 길이의 땀이 숨겨진다.

⑨ 도안의 폭이 좁아질수록 땀을 숨겨 놓는 비율이 높아진다.

⑩ 4~5층과 5층 길이의 땀을 교대로 놓는다.

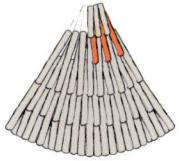

⑪ 짧은 땀 아래로 각을 바꾸는 것이 더 자연스럽다.

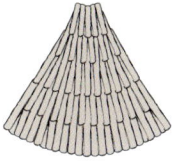

⑫ 면을 모두 채운 후 점수로 마무리 한다.

1. 앞 땀을 밟을 때 바늘을 위에서 찔러 내려야 하나요, 밑에서 찔러 올려야 하나요?

어느 방향으로 바늘을 움직여도 상관없습니다. 보통은 바늘을 꽂을 곳을 눈으로 직접 보는 것이 편하기 때문에 바늘이 수틀 위에 있는 상태에서 앞 땀을 밟아 내려가는 경우가 많습니다. 하지만 땀의 각도를 바꾸기 위해 바늘로 앞 땀을 밀 때도 역시 수틀 위에서 밀고 내려가는 것이 수월합니다. 만약 땀을 밟아야 하는 곳과 밀어야 하는 곳이 동시에 있는 경우에는 어느 쪽을 수틀 위에서 하는 것이 더 나은지 비교해보고 편한 쪽으로 작업합니다.

2. 도안에서 아주 좁은 부분도 모두 층을 나눠 놓아야 하나요?

도안의 모양에 따라 어떤 부분은 여러 층으로 나눌 수 있을 만큼 넓거나 긴 반면 어떤 부분은 한 층의 길이도 채 안 될 만큼 좁을 때가 있습니다. 또는 층을 등분해 놓을 때 땀의 길이가 애매하게 남는 때도 있습니다. 어떤 경우에서든 모두 자릿수로 채울 수 있지만 아래 예시처럼 자연스럽게 평수로 대체할 수도 있습니다.

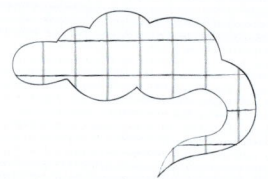 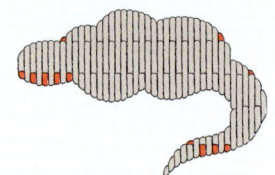 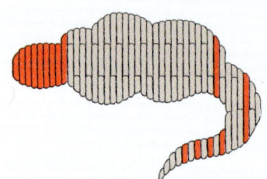

결은 수직, 층 구분은 수평인 도안　　　너무 짧은 땀이 생기는 부분　　　평수로 대신한 부분

3. 층을 규칙적으로 나눠야 하나요? 불규칙한 모양을 놓아도 될까요?

자릿수가 돗자리처럼 규칙적인 무늬를 표현하는 데에 가장 많이 쓰이기는 하지만 불규칙한 무늬에도 물론 사용 가능합니다. 아래 예시와 같이 한 층의 간격을 균일하게 나누지 않고 땀의 길이를 자유

 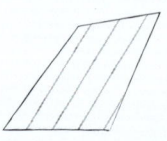 

층의 길이가 다른 모양　　　　　　　　　　층을 나누지 않고
　　　　　　　　　　　　　　　　　　　땀 길이를 자유롭게 놓은 모양

롭게 바꿔 놓을 수 있습니다. 그런 경우에는 굳이 경계면을 도안 안에 따로 표시할 필요 없이 마음 가는 대로 놓아도 되고, 대략적인 경계선을 그릴 수도 있습니다. 비록 경계선이 불규칙적이더라도 땀과 땀이 만나는 경계면은 항상 붙임수로 둡니다.

4. 경계면에 바늘구멍이 생겨요.

먼저 붙임수를 제대로 두고 있는지 확인해봅시다. 경계면에서 만나는 땀의 끝에서 1mm 정도 올라 간 지점을 정확히 한 가운데에 밟아야 사이에 틈이 생기지 않습니다. 1mm의 여유도 없이 너무 땀의 끝을 바짝 밟으면 두 올의 꼰사가 반으로 갈라지면서 원단이 드러나고 결국 뜀수를 놓은 것처럼 보 일 수 있습니다. 땀을 너무 세게 잡아당겼거나 실의 꼬임이 많이 느슨해진 것이 문제일 수도 있습니 다. 꼰사로 수를 놓다 보면 자연스레 꼬임이 풀리면서 바늘로 밟을 때 반으로 갈라지기 쉬우니 틈틈 이 실의 상태를 확인하며 꼬임을 유지하는 것이 좋습니다.

5. 어느 순간부터 긴 땀과 짧은 땀의 구분이 없어졌어요.

자릿수의 땀이 놓인 모습을 보면 톱니처럼 튀어나오고 들어간 자리 때문에 마치 긴 땀과 짧은 땀이 섞여 있는 듯한 착각이 듭니다. 하지만 각 층의 길이가 같은 도안이라면 실제로 길이가 짧은 땀은 시 작과 마지막 층에만 있을 뿐 나머지 땀들은 모두 같은 길이입니다. 첫 단계에서 길고 짧은 자리를 잘 만들어 놓으면 그다음 단계부터는 따로 땀의 길이를 다르게 할 필요가 없고 각 자리에 맞게 두 층 길 이의 땀을 놓기만 하면 됩니다. 실수로 한 층 또는 세 층 길이의 땀을 놓게 되면 땀의 배열이 흐트러 지고 한번 잘못된 배열은 다음 층에서도 계속 영향을 줍니다. 단색의 자릿수라면 잘못된 땀을 무시 하고 다음 층부터 원래 계획대로 조정해도 크게 거슬리지는 않을 것입니다. 하지만 다른 색을 사용 하는 경우라면 잘못 놓은 땀이 바로 눈에 띌 것입니다. 역시 가장 좋은 해결책은 잘못된 땀을 풀고 다시 제대로 놓는 것입니다.

7. 자련수 ——————— 정확함보다는 자연스러움, 계산보다는 감을 찾아가는 길

자련수로 놓은 매화

자련수는 면을 채우는 또 다른 기법으로 땀과 땀이 자연스럽게 섞여 들어가는 모습이 특징적입니다. 넓은 면을 채울 수 있고 여러 가지 색을 섞어 놓을 수 있다는 점은 자릿수와 비슷하지만 실제 수를 놓는 법과 완성된 모습에는 뚜렷한 차이가 있습니다. 자릿수는 규칙적이고 일정한 무늬가 있지만 자련수는 마치 평수인 듯 표면이 매끄럽고 경계면이 잘 구분되지 않습니다. 색을 섞어 놓을 때 자연스러운 효과를 낼 수 있어서 그림처럼 명암을 표현할 때도 활용됩니다. 부드러운 질감의 반푼사나 푼사로 자련수를 놓으면 그러한 기법의 특징을 훨씬 더 잘 살릴 수 있습니다. 조선시대의 유물에서 주로 보이는 전통자수의 특징은 꼰사 특유의 질감과 과감한 색 조합이라고 할 수 있기 때문에 자련수의 사용법이 다소 한정적이었습니다. 하지만 개화기 이후 주변 국가나 서양으로부터 영향을 받으면서 푼사의 사용이나 회화적인 표현법 등 한국자수의 반경이 넓어졌습니다. 오늘날에는 수를 놓는 사람의 취향에 따라 자련수를 활용하는 방법이 무한하다고 할 수 있습니다.

자련수도 자릿수와 마찬가지로 여러 층에 걸쳐서 면을 채우는 기법이므로 결 방향을 정하고 땀의 간격을 정하는 층을 나누어 주어야 합니다. 이때 중요한 것은 층을 나누더라도 층의 경계선이 절대적인 경계는 아니라는 점입니다. 자릿수의 특징이 정해진 자리에 땀을 놓아 일정한 무늬를 만드는 것이었다면 자련수의 특징은 최대한 정해진 틀 없이 자연스럽고 매끄러운 표면을 만드는 것입니다. 다음의 예시를 보면 자련수 땀의 길이와 위치가 자릿수에 비해 훨씬 다양하고 광범위하다는 것을 알 수 있습니다.

동일한 도안에서 자릿수와 자련수 비교

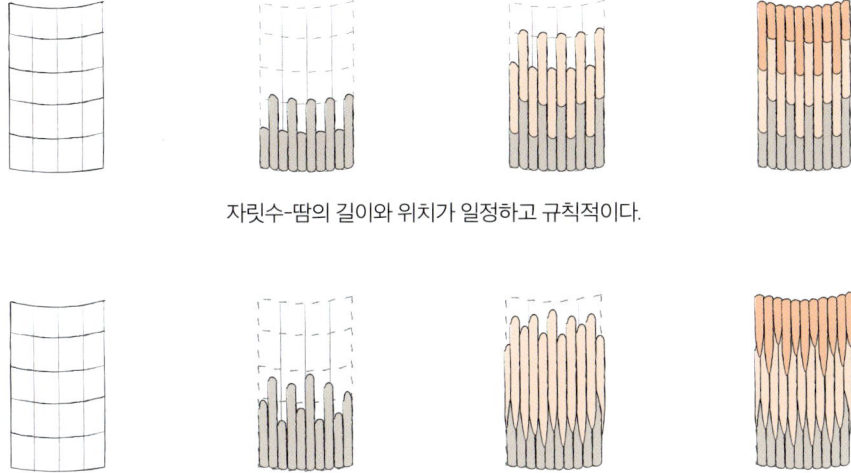

자릿수-땀의 길이와 위치가 일정하고 규칙적이다.

자련수-땀의 길이와 위치가 다양하고 불규칙적이다.

정해진 땀의 길이나 위치가 없다는 사실은 바늘땀을 정확히 놓지 않아도 괜찮다는 의미이기도 해서 마음의 부담을 덜어줍니다. 하지만 한편으로는 매번 어디에 땀을 놓을지, 그 결과가 어떻게 될지 알지 못해 답답할 수도 있습니다. 자련수로 원하는 결과를 내기 위해서는 연습과 시행착오를 거쳐 각자의 법칙을 찾는 과정이 필요합니다. 불규칙적인 것은 땀의 길이와 위치만이 아닙니다. 자릿수는 층마다 놓이는 땀의 개수가 동일하지만 자련수는 층마다 땀수가 달라지기도 합니다. 또한 땀과 땀이 만나는 경계면에서 바늘을 찔러 넣는 방식도 규칙보다는 감이 필요합니다. 자릿수에서는 붙임수를 사용하여 앞 땀을 하나하나 밟는 것과 달리 자련수는 앞 땀을 밟지 않아야 한다는 점도 중요합니다.

자련수 땀 긁어 놓는 모습

자릿수와 자련수 경계면의 땀

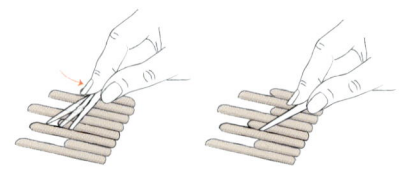

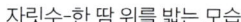

자릿수-한 땀 위를 밟는 모습   자련수-땀과 땀 사이로 바늘을 긁어 넣는 모습

앞으로 나올 자련수 놓는 방법은 이해를 돕기 위해 수많은 경우의 수 중 하나를 예로 들어 설명한 것입니다. 매 땀이 움직이는 위치가 상황에 따라 달라지기 때문에 설명의 그림을 그대로 따라 놓는 일은 거의 없을 것입니다. 같은 자련수를 놓는다고 해도 사람마다 다른 결과가 나오는 것은 물론이고 같은 사람이 놓더라도 매번 다르게 나올 것입니다. 그러므로 자련수를 연습할 때는 한 땀 한 땀의 움직임보다는 전체 땀이 어우러지는 모습에 더 집중해봅시다.

∞ 자련수 놓는 방법

* 이해를 돕기 위해 세 가지 색을 사용했습니다. 단색으로만 채울 때도 같은 방식으로 수를 놓으면 됩니다.

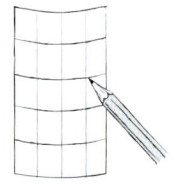

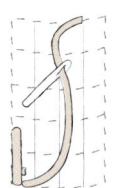

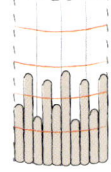

① 도안에 결 방향선과 층 구분선을 표시한다.

② 점수를 놓고 1층과 2층에 교대로 땀을 놓는다. 실제로는 1층보다 길고 3층보다는 짧은 땀을 섞어 놓는다.

③ 1층은 평수를 채운 듯한 모양, 2~3층은 불규칙한 모양이 된다.

④ 실제 바늘이 꽂힌 구간. 길고 짧은 땀을 불규칙적이면서도 조화롭게 섞어 놓는 것이 중요하다.

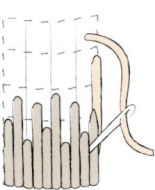

⑤ 2~3층 길이와 3~4층 길이 땀을 교대로 놓는다. 실제로는 1층 경계선부터 5층의 중간까지를 잇는 땀을 섞어 놓는다. 바늘 끝은 나란히 놓인 두 땀 사이에 꽂는다(103~104쪽 참조).

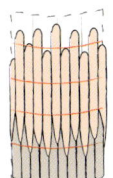

⑥ 2층은 두 색, 3층은 단색으로 채워지고 4~5층은 불규칙하다. 모든 땀 사이에 한 땀씩 넣어야 하는 것은 아니다. 두 땀이 들어갈 수도 있고 생략할 수도 있다.

⑦ 실제 바늘이 꽂힌 구간. 4층 중간 ~5층 중간에서 시작하여 1층 경계선 ~2층 사이에서 끝나는 땀을 놓는다. 땀의 길이와 위치를 적절히 섞어 놓는다.

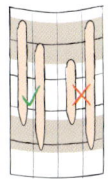

두 구간 안에서 너무 짧거나 긴 거리의 땀은 피하는 것이 좋다.

⑧ 4~5층 길이 땀과 5층 길이 땀을 교대로 놓는다. 실제로 바늘은 4층 구간에 자유롭게 꽂는다.

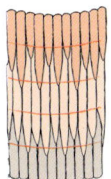

⑨ 4층은 두 색, 5층은 단색으로 채워진다.

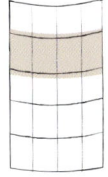

⑩ 실제 바늘이 꽂힌 구간. 3층 경계선 근처와 4층 경계선 근처 사이에 길고 짧은 땀을 섞어 놓는다.

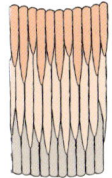

⑪ 1, 3, 5층은 단색, 2, 4층은 두 색으로 채워진다. 점수로 마무리한다.

다른 기법에 비해 설명이 복잡하기도 하고 약간 모호하기도 한 것은 까다롭고 어려워서가 아니라 자유도가 높고 어떻게 놓아도 괜찮기 때문입니다. 그럼에도 불구하고 자련수를 놓을 때 가장 염두에 둘 만한 점은 땀의 길이를 과감하게 길게 만드는 것입니다. 자련수는 수의 질감을 매끄럽게 표현하기 위해 땀을 이전 층의 땀과 땀 사이로 숨겨놓습니다. 그러므로 나중에 땀이 끼어들어 올 거리를 감안해 먼저 놓는 땀들의 길이에 충분히 여유를 주는 것이 좋습니다. 특히 여러 색을 섞어 놓는 경우에는 더욱 신경 쓰도록 합니다.

결 방향이 바뀌는 자련수

앞 설명의 ⑥번을 보면 땀이 너무 길어서 어딘가 잘못된 것 같은 느낌을 주기도 합니다. 하지만 그 정도로 여유 있게 두어야 다음 땀을 원하는 대로 숨겨 놓을 수 있습니다. 이미 짧게 놓은 땀은 나중에 늘릴 수 없지만 긴 땀은 다음 단계에서 가려줄 수 있습니다. 그러니 자련수 땀을 놓을 때는 마음 편히 정해진 길이보다 길게 두는 습관을 들여봅시다. 그리고 수를 다 놓고 난 다음에도 보완이 필요한 자리에 몇 땀을 더 추가해도 괜찮다는 점을 기억하면 한결 마음이 가벼워질 것입니다.

∞ 결 방향이 바뀌는 자련수 놓는 방법

자련수로도 결 방향을 바꿀 수 있습니다. 결을 바꾸어 놓으면 자련수의 매끄럽고 자연스러운 효과가 한 층 더 살아날 것입니다.

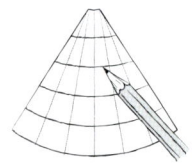

① 도안에 결 방향선과 층 구분선을 표시한다.

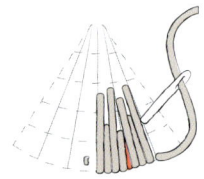

② 점수를 놓고 1층보다는 길고 3층보다는 짧은 땀을 섞어 놓는다. 결 방향에 맞게 적절히 땀을 기울인다.

③ 1층은 평수를 채운 듯한 모양, 2~3층은 불규칙한 모양이 된다.

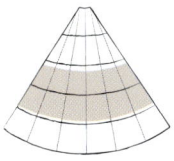

④ 실제 바늘이 꽂힌 구간. 길고 짧은 땀과 각을 바꾸는 땀이 자연스럽게 연결된다.

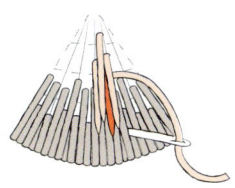

⑤ 1층 경계선부터 5층의 중간까지를 잇는 땀을 섞어 놓는다. 경계면에서는 나란히 놓인 두 땀 사이에 땀을 놓는다.

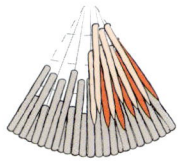

⑥ 땀의 길이와 각도, 위치, 개수 등 모든 요소는 땀의 밀도와 결 방향에 따라 조절한다.

⑦ 2층은 두 색, 3층은 단색으로 채워지고 4~5층은 불규칙하다.

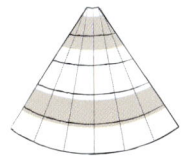

⑧ 실제 바늘이 꽂힌 구간. 4층 중간~5층 중간에서 시작하여 1층 경계선~2층 사이에서 끝나는 땀을 놓는다.

⑨ 맨 위 도안선부터 4층까지의 구간에 길고 짧은 땀을 섞어 놓는다.

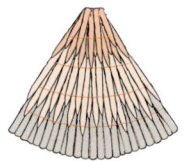

⑩ 4층은 두 색, 5층은 단색으로 채워진다.

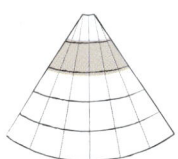

⑪ 실제 바늘이 꽂힌 구간. 3층 경계선 근처와 4층 경계선 근처 사이에 길고 짧은 땀을 섞어 놓는다.

⑫ 전체적으로 결 방향이 바뀌면서 1, 3, 5층은 단색, 2, 4층은 두 색으로 채워진다. 점수로 마무리한다.

1. 색이 자연스럽게 섞이지 않아요.

땀의 길이나 위치의 들쑥날쑥한 정도에 따라 색이 섞이는 모양은 달라집니다. 이것은 첫 층을 땀으로 채울 때든 이전 층으로 땀을 밀어 넣을 때든 마찬가지입니다. 새로 층을 채울 때는 다음 층의 땀이 끼어들어 올 수 있는 공간을 충분히 마련해주어야 하고, 땀 사이에 밀어 넣는 땀도 역시 끼워 넣는 정도에 차이를 주어야 합니다. 매 땀을 놓을 때마다 바로 전에 놓은 땀, 바로 옆에 놓을 땀, 그리고 다음 층에 놓을 땀의 유기적인 흐름을 파악하고 도안이 채워지는 전체적인 모습도 틈틈이 확인해야 합니다. 실제로 연습하는 동안 여러 가지 상황을 경험하면서 적당한 땀을 놓는 것이 어떤 느낌인지 이해하는 것이 가장 중요합니다.

2. 땀과 땀 사이에 틈이 생겨요.

먼저 앞 층에 놓인 땀의 밀도가 충분하지 않았기 때문일 수 있습니다. 눈으로 보기에는 비어 보이지 않고 평소에 평수를 놓을 때라면 문제가 없을 밀도가 자련수에서는 충분하지 않을 수 있습니다. 다음 층에서 땀을 밀어 넣을 때 앞 층의 땀이 촘촘하게 놓여 있어야 자연스레 스며드는 효과를 낼 수 있습니다. 만약 앞 층 땀이 성글게 놓여 있으면 밀고 들어오는 땀이 양옆의 땀을 밀어내어 빈틈을 보이게 합니다. 이런 문제가 있다면 첫 층을 채울 때부터 평소에 평수를 놓는 밀도보다 살짝 더 빼곡히 놓아봅시다. 수를 놓던 중이거나 이미 수를 다 놓고 난 후라도 원하면 언제든 땀을 추가하여 빈 공간을 메울 수도 있습니다.

그 밖에 다른 이유로는 바늘을 밀어 넣을 때 땀과 땀 사이에 수직으로 내려오지 않고 좌우 방향으로 틀어져 내려오는 경우가 있습니다. 땀의 각도를 기울일 때라도 바늘을 한쪽으로 너무 세게 밀어 넣거나 너무 짧은 땀을 놓으면 땀 사이에 빈 공간이 생기게 됩니다. 땀을 잘못 놓았을 때는 땀을 풀고 다시 놓는 게 제일 좋지만, 빈틈을 가릴 수 있는 땀을 추가해 놓아도 괜찮습니다.

3. 땀과 땀 사이로 들어간 땀이 숨어서 안 보여요.

앞의 문제와는 반대로 앞 층을 채운 땀의 밀도가 너무 높은 경우에 생길 수 있는 상황입니다. 너무 빼곡한 땀 사이로 다른 땀을 놓으면 새 땀이 파묻혀 가려집니다. 그럴 때에는 같은 자리에 땀을 한 번 더 놓아 해결할 수 있습니다.

4. 다 놓고 나서 중간에 땀을 어떻게 추가하나요?

어느 기법이든 나중에 땀을 추가하는 경우에는 먼저 점수를 잘 숨겨 놓고 전체적인 결에 잘 어우러지는 땀을 놓아야 합니다. 자련수로 도안의 어느 중간에 수정하는 땀을 놓을 때에는 특히 땀의 양쪽 끝이 모두 다른 땀 사이에 자연스럽게 스며 들어가도록 해야 합니다. 바늘을 땀과 땀 사이로 긁어내리는 것과 마찬가지로 바늘을 올려 땀 사이를 비집고 나올 때에도 다른 땀을 너무 밀거나 밟지 않도록 주의합니다.

5. 일반 평수 위에 자련수를 놓으면 안 되나요?

평수로 채워진 도안면 사이에 자련수 땀을 놓아도 비슷한 결과를 얻을 수는 있을 것입니다. 특히 도안의 크기가 작은 경우에는 큰 차이가 없는 편입니다. 하지만 평수처럼 전체 면이 덮여 있는 상황에서는 다른 땀을 밀어넣을 여유가 부족하고, 땀의 밀도가 필요 이상으로 높아져서 수의 표면이 거칠어지게 됩니다.

6. 자련수를 놓을 때 땀의 길이를 규칙적으로 놓으면 어떤가요?

자릿수를 놓을 때처럼 층의 경계와 땀의 길이는 일관성 있게 두되 붙임수로 밟지 않고 땀을 숨겨 놓는 것도 좋은 활용법입니다. 자련수를 놓는 데에는 규칙이 없기 때문에 규칙적인 바늘땀을 놓는 것도 물론 괜찮습니다. 자릿수같이 일정한 땀으로 자련수를 놓으면 정갈하고 안정적인 느낌을 낼 수 있습니다. 그 밖에 자련수를 놓을 때 붙임수로 땀을 밟아 놓는 등 자릿수와 자련수를 적절히 섞어 사용하는 것도 재미있는 방법이 될 것입니다.

느낌수로 놓은 복숭아

기술적인 면에서 보면 평수의 응용법이라고 할 수 있는 느낌수를 이렇게 한참 뒤에서 소개하는 이유가 있습니다. 바로 느낌수의 용도 때문입니다. 평수를 활용하여 면을 채우는 기법이지만 그 쓰임새는 특별히 자릿수와 비교되는 특징을 가지고 있습니다. 느낌수에 대해서는 자세한 설명을 하기 전에 먼저 놓는 법부터 살펴보겠습니다.

∞ 느낌수 놓는 방법

* 일반적으로 느낌수는 세 가지 이상의 색을 사용하고 단색으로만 놓는 경우는 거의 없습니다.

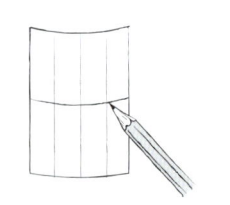

① 도안에 결 방향선을 표시하고 두 층으로 나눈다.

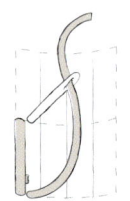

② 점수를 놓고 한 층을 평수로 채운다.

③ 한 층을 평수로 채운 모습

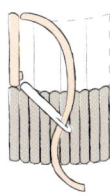

④ 다른 층도 평수로 채운다. 경계면
은 띔수로 둔다.

⑤ 하나의 결 방향에 따라 각 층을 다
른 색의 평수로 채운 모습

⑥ 그림과 같이 각 층의 중간에 경계
선과 평행한 선이 있다고 가정한다.

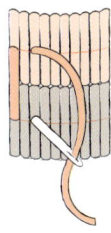

⑦ 가정한 선과 결 방향에 맞춰 한 땀
건너 한 땀씩 놓는다. 바늘을 꽂는 자
리마다 아래 평수 땀을 밟는다.

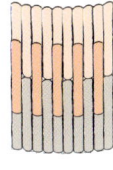

⑧ 점수로 마무리한다.

자릿수와 마찬가지로 층을 구분하는 데에 정해진 규칙은 없습니다. 층을 나누는 경계선이 곡선이나 각진 선이어도 되
고 각 층의 높이가 서로 달라도 됩니다. 그리고 도안을 세 층 이상으로 나눌 수도 있습니다. 다음 예시와 이 장에 실린
느낌수 사진을 보면서 문양에 어울리는 모양의 층에 대해 생각해봅시다.

층 구분을 다르게 한 느낌수 예시

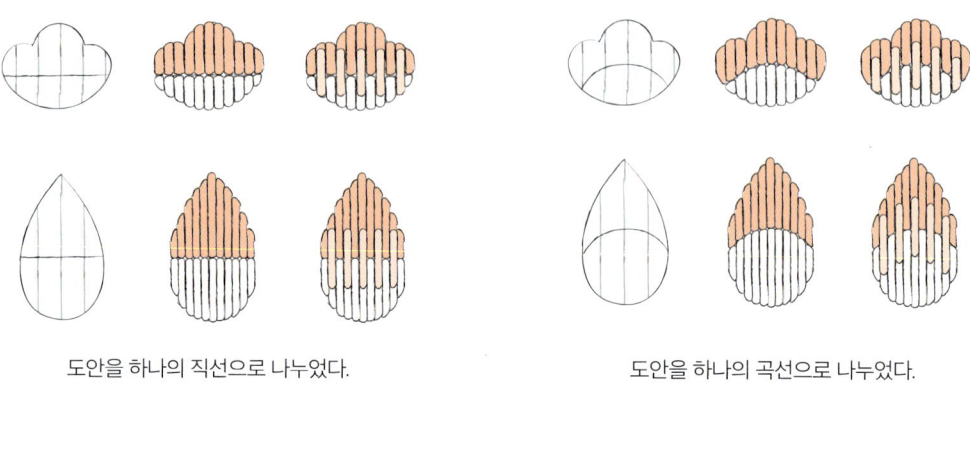

도안을 하나의 직선으로 나누었다.　　　　　　　도안을 하나의 곡선으로 나누었다.

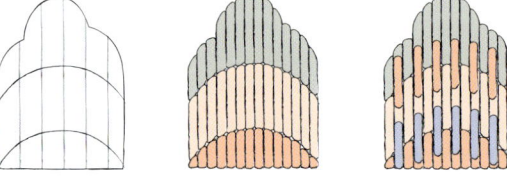

도안을 두 개의 곡선으로 나누었다.

완성된 느낌수를 보면 일정한 땀 길이와 간격, 붙임수로 밟아 놓은 모습 때문에 자릿수와 비슷한 인상을 줍니다. 느낌수가 항상 자릿수를 대체할 수 있는 것은 아니지만 앞에서 소개된 형태의 도안으로는 거의 같은 효과를 낼 수 있습니다. 실제 느낌수가 자릿수를 대체할 목적으로 만들어졌는지는 확인하기 어렵습니다. 하지만 비슷한 도안의 옛 유물

느낌수로 놓은 연꽃

자릿수로 놓은 연꽃

을 살펴볼 때 궁중자수는 자릿수를, 민간자수는 느낌수를 사용한 예가 많은 것을 살펴볼 수 있습니다. 주로 꽃잎과 바위 등의 면을 채우고 색을 섞어 넣을 수 있다는 면에서 두 기법의 쓰임새는 비슷하지만 유물의 출처에 따라 비슷한 도안이라도 다른 기법이 사용되었다는 점이 흥미롭습니다.

동일한 도안에서 자릿수와 느낌수 비교

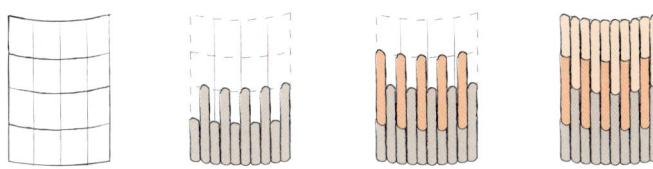

자릿수-네 개의 층을 순차적으로 채우고 모든 땀은 붙임수로 둔다.

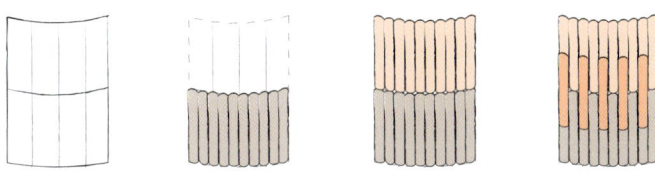

느낌수-두 개의 층을 평수로 채우고 장식선을 올린다.
평수는 띔수, 장식은 붙임수로 둔다.

결과적으로는 비슷한 느낌을 내더라도 자릿수가 느낌수보다 섬세함을 더 요구하는 것처럼 보입니다. 느낌수는 전체적으로 면을 채울 때 평수를 놓는 반면 자릿수는 일정한 간격과 흐트러짐 없는 결 방향을 유지하면서 수를 채워가기 때문입니다. 느낌수로 마지막에 단계에서 장식선을 올려놓는 일도 쉽지는 않습니다. 유물 속의 느낌수가 항상 정갈하지만은 않다는 점을 주목해볼 만합니다. 오히려 그 반대인 경우가 더 많습니다. 느낌수는 궁중에서보다 민간에서의 사용이 훨씬 두드러지고, 그 모습은 다소 투박하고 자유로운 느낌입니다.

느낌수 땀 밟는 모습

비슷한 색

대비되는 색

느낌수는 한국자수의 정교함과 자유분방함을 동시에 잘 보여주는 재미있는 기법입니다. 궁중자수에서 보이는 느낌수는 자릿수가 주는 느낌과 마찬가지로 정교함이 살아 있습니다. 반면 개개인의 솜씨와 취향에 따라 발달된 민간자수에서 보이는 느낌수는 어떤 기법으로 규정짓기 어려울 정도로 자유롭습니다. 궁중에서라면 자릿수가 쓰일 만한 도안에 민간에서는 느낌수가 많이 나타나는 것을 미루어 볼 때 느낌수의 핵심은 편리함과 편안함에 있지 않을까 생각합니다. 그러니 느낌수를 놓을 때에는 좀 더 가볍고 너그러운 마음으로 땀을 놓아봅시다.

∞ 결 방향이 바뀌는 느낌수 놓는 방법

이번에는 결의 방향이 바뀌는 느낌수를 연습해보겠습니다. 수를 놓는 방식은 결 방향을 바꾸지 않을 때와 동일하고, 처음에 결 방향을 정할 때 전체 도안을 하나의 덩어리로 보고 결을 표시합니다. 그리고 평수 위에 땀을 놓을 때 평수의 결 방향에 맞게 땀의 각도를 개별적으로 기울이는 것에 신경을 써줍니다.

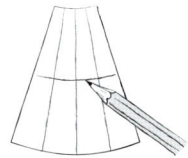

① 도안에 결 방향선과 층 구분선을
표시한다. 대칭인 도안은 중간부터
땀을 놓기 시작한다.

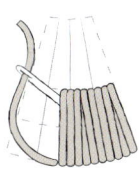

② 점수를 놓고 한 층을 평수로 채운
다. 결 방향에 맞게 땀의 각도를 조절
한다.

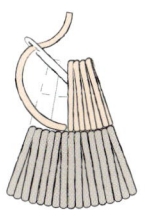

③ 나머지 층도 점수를 놓고 결 방향
에 맞춰 평수로 채운다. 경계면은 띔
수로 둔다.

④ 각 층의 중간쯤 경계선과 평행한
선이 있다고 가정한다.

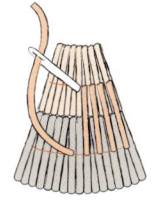

⑤ 가정한 선과 결 방향에 맞춰 한 땀
건너 한 땀씩 놓는다. 바늘을 꽂는 자
리마다 아래 평수 땀을 밟는다.

⑥ 점수로 마무리한다.

1. 느낌수가 평수 사이로 끼어들어 가요.

바늘 끝을 평수 땀 정중앙에 제대로 꽂지 않으면 새로 놓은 땀의 각도가 틀어지면서 평수 사이로 미끄러져 들어갑니다. 땀을 정확히 밟더라도 미리 놓은 평수가 너무 성글거나 빽빽한 경우에도 이런 문제가 생길 수 있습니다. 평수의 낮은 밀도가 문제라면 평수 사이사이에 몇 땀을 좀 더 채운 후 느낌수를 놓으면 됩니다. 반대로 평수의 높은 밀도가 문제라면 느낌수가 숨어들어 간 자리에 똑같은 땀을 한 번 더 올려놓아 해결할 수도 있습니다.

2. 느낌수가 들쑥날쑥해서 자릿수 느낌이 나지 않아요.

보통 수를 놓을 때는 원단 바닥에 그려진 밑그림과 안내선을 참고하여 바늘을 찌릅니다. 그런데 느낌수처럼 바닥 면이 모두 채워진 상태에서 그 위에 다른 땀을 놓는 경우에는 눈대중으로 바늘의 위치를 잡게 됩니다. 기화펜(시간이 지나면 산화되어 색이 없어지는 펜)이나 시침질(임시로 해 놓는 바느질)로 표시하는 방법도 있지만 모두 정확한 땀을 보장하지는 않습니다. 정확한 위치에 바늘을 찔러도 생각보다 땀이 짧거나 비뚤어지는 경우도 있습니다. 그것은 먼저 놓인 평수의 땀과 관련 있을 수도 있고 바늘을 찌를 때의 각도나 힘의 문제일 수도 있습니다. 해결 방안에 대해 이야기하기 전에 그런 들쑥날쑥한 느낌수가 잘못이 아니라 그 자체로 매력이 있다는 점을 다시 한번 얘기하고 싶습니다. 하지만 거친 느낌이 만족스럽지 않고 좀 더 자릿수와 같은 모양을 내고 싶을 때는 다음 내용 중 해당하는 것이 있는지 살펴보고 개선해봅시다.

• 평수의 땀 정중앙을 밟았는가?

  어느 한쪽으로 치우치게 놓인 땀은 평수 사이로 숨어서 땀의 길이가 실제 위치보다 짧아진다.

• 평수를 놓은 꼰사의 꼬임이 너무 느슨하지 않은가?

  꼬임이 적고 부스스하게 퍼지는 실 사이로 느낌수 땀의 끝이 파묻히기 쉽다. 평수를 다시 놓을 수 없는 상황이라면 느낌수가 짧아지는 정도를 감안해서 좀 더 긴 땀을 놓는다.

• 바늘을 찌를 때 각도가 수직인가?

  바늘을 기울이거나 눕혀서 땀을 놓으면 주변 땀이나 바닥 원단의 작은 실올에 걸리거나 실올을 끌고 갈 수 있다. 그러면서 최종 땀이 놓이는 자리가 미세하게 달라진다.

• 땀을 놓은 후 바늘을 세게 잡아당겼는가?

바늘을 계속 잡아당기면 당기는 방향으로 땀이 움직이는 것은 물론, 원단이나 주변의 땀까지 움직인다. 바늘땀을 원하는 위치에 놓았다면 더 이상 당기지 말고 다음 땀으로 넘어가도록 한다. 만약 땀이 약간 길게 놓였다면 일부러 바늘을 좀 더 당겨서 조절할 수도 있지만 과하게 당기는 것은 삼간다.

3. 한 땀 건너 한 땀씩 밟아 놓았는데 간격이 안 맞아요.

평수의 땀 개수를 보며 정확히 한 땀씩 건너 수를 놓았지만 느낌수의 간격이 이상하다면 미리 놓은 평수의 밀도가 원인일 수 있습니다. 평수가 너무 빽빽한 경우에는 상황에 따라 두 땀 건너 한 번씩 놓아도 됩니다. 하지만 평수가 너무 빈약한 경우에는 땀을 밟는 곳을 선택할 여유가 없기 때문에 먼저 평수를 더 채워 보완합니다. 땀의 실제 개수보다는 눈에 보이는 간격을 기준으로 최대한 자연스럽게 놓는 것이 중요합니다.

4. 평수 경계면을 붙임수로 놓아도 되나요?

네, 띔수든 붙임수든 상관없습니다. 완성하고 나면 경계면은 잘 보이지 않게 되므로 더 편한 방법을 쓰면 됩니다. 일반적으로 붙임수보다는 띔수가 편하기 때문에 띔수를 선호합니다. 그리고 띔수로 두면 경계면에 움푹 파인 틈이 생겨서 느낌수를 더 입체적으로 보이게 합니다.

9. 귀갑수 ——————— 길을 따라가다 보면 서서히 드러나는 장생 무늬

귀갑수가 놓인 거북

솔잎을 위해 솔잎수가 있는 것처럼 거북의 등에 있는 무늬를 위한 기법이 따로 있습니다. 거북의 등 껍데기(귀갑, 龜甲)에는 육각형 모양으로 된 귀갑문(龜甲紋) 또는 귀갑무늬가 있습니다. 몇 개의 선으로 이루어진 간단한 문양이지만 그 쓰임새는 특별합니다. 거북은 장생을 상징하는 대표적인 동물로, 다른 장생문들과 함께 전통공예의 소재로 자주 등장합니다. 꼭 거북이라는 동물이 나오지 않더라도 무늬만 단독으로 사용되기도 합니다. 도자나 목공부터 자개, 왕골, 건축까지 귀갑무늬가 장식으로 쓰이는 곳이 다양합니다. 그래서 수를 놓는 도안이 귀갑무늬로 장식된 도자기나 함, 비단인 경우에도 귀갑수가 많이 활용됩니다.

바늘땀으로 육각형을 만드는 방법은 여러 가지입니다. 직선의 한 땀을 여섯 번 놓거나 V자 모양을 세 번 놓을 수도 있습니다. 그런데 귀갑수의 방식은 조금 더 독창적이고 체계적입니다. 직접 귀갑수를 놓기 전에 육각무늬가 만들어지는 모습을 그림으로 그려보면 이해하는 데에 도움이 될 것입니다. 아래의 그림과 같이 일렬로 놓인 Y자가 두 층 이상 쌓이면 곧 귀갑무늬가 됩니다. 귀갑수 기법의 매력과 특징은 바로 이 Y자 모양을 이어 나가는 과정에 있습니다.

Y자로 층을 쌓아 만든 귀갑무늬

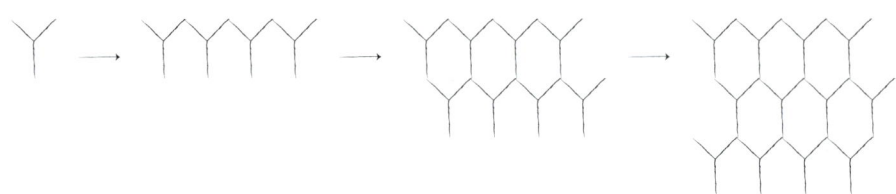

∞ 귀갑수 놓는 방법

여러 층의 Y자를 만들면서 마치 뜨개질하듯 바늘이 땀과 땀 사이를 통과해 나가면 무늬가 나타납니다. 수를 놓는 방법이 처음엔 복잡해 보일 수 있지만 실제로 손을 움직이다 보면 금방 익숙해지고 재미있게 느껴질 것입니다.

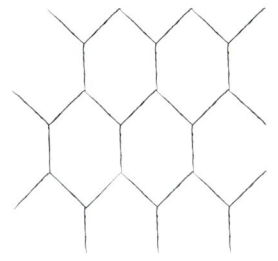

① 연습용으로 두 층 이상의 육각형 무늬를 그린다.

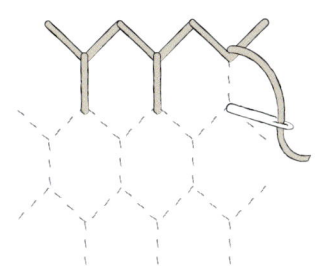

② 점수를 놓고 부채꼴 솔잎수의 V자 놓는 법(89쪽 참조)을 응용하여 첫 층을 Y자로 채운다.

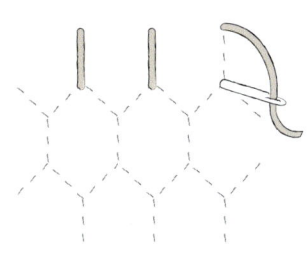

첫 층이 직선으로 시작되는 경우는 직선 땀을 나란히 놓는다. 도안에 따라 Y자와 직선을 섞어 놓을 수 있다.

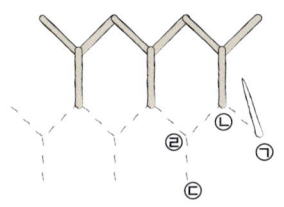

③ 다음 층부터 귀갑수 기법이 시작된다. Y의 중심점 위치인 ㉠에서 바늘을 올린다.

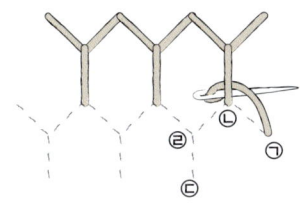

④ 바늘을 ㉡에서 땀과 원단 사이로 통과시킨다. 바늘귀 부분을 먼저 통과시키는 것이 편하다.

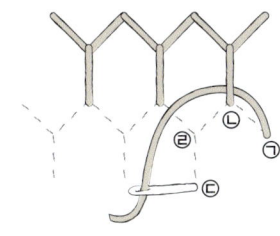

⑤ ㉢에 땀을 놓은 후 실을 당기지 않고 느슨한 채로 둔다.

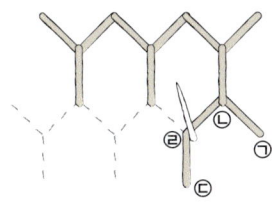

⑥ ㉣에서 바늘을 올려 바짝 당기면 자연스럽게 ㉡과 ㉣에 각이 잡힌다.

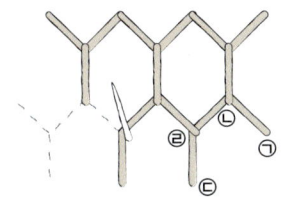

⑦ 계속해서 바늘을 ㉠에서 올리고 ㉡을 통과하여 ㉢으로 들어간다.

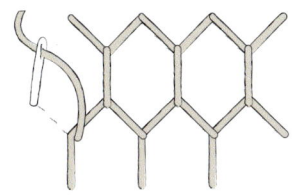

⑧ 무늬가 끊긴 곳은 상황에 맞게 땀을 놓거나 일단 비워둔다.

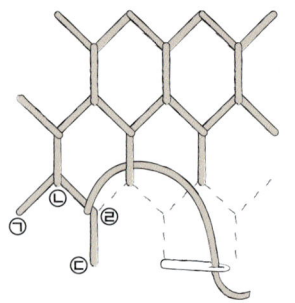

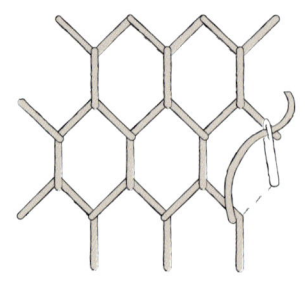

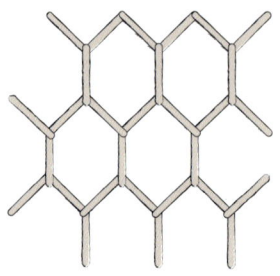

⑨ 그다음 층은 진행 방향만 다를 뿐 바늘이 움직이는 순서는 동일하다.

⑩ 무늬에 맞게 땀을 놓고, 만일 비워둔 곳이 있다면 땀을 추가로 놓는다.

⑪ 땀 아래나 근처 도안에 점수를 숨겨놓고 마무리한다.

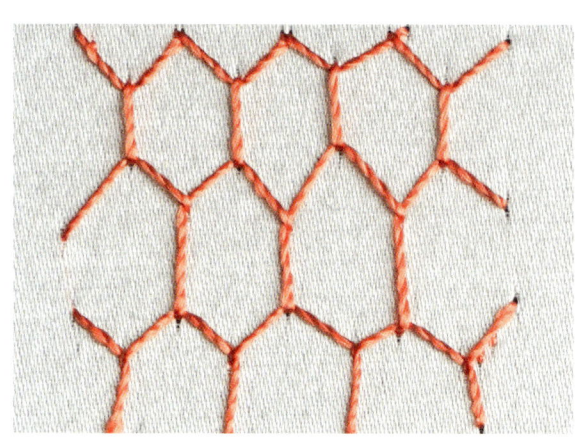

무늬가 일정하지 않은 귀갑수

거북의 귀갑무늬는 앞의 그림과 같이 약간 길쭉한 형태의 육각형 모양을 주로 사용합니다. 하지만 도안이나 취향에 따라 정육각형이나 가로로 넓적한 육각형을 만들 수도 있습니다. 일반적으로 귀갑수는 빈 바탕에 바로 놓기보다는 도안면을 평수나 자릿수, 자련수 등의 기법으로 채운 후 그 위에 장식으로 올립니다. 빈 바탕에 그려진 도안선을 따라 귀갑수를 연습할 때는 땀을 놓을 자리를 찾기 쉽지만 평수 등으로 도안선이 가려진 상태에서 놓는 일은 쉽지 않을 것입니다. 기화펜으로 평수 위에 무늬를 그리거나 도안이 인쇄된 종이를 고정시켜 놓고 그 위에 수를 놓은 후 종이를 뜯어내는 등의 대안이 있긴 하지만 모두 번거롭고 큰 도움이 되지는 못합니다. 그래서 아주 큰 도안이 아니라면 도안이 없는 상태 그대로 해보는 것을 추천합니다. 수틀과 도안지를 번갈아 보며 땀의 길이와 간격을 짐작하고 눈으로 봤을 때 크게 거슬리는 부분이 없는 정도로 땀을 놓습니다. 균일한 모양을 놓기 어렵다면 아예 불규칙한 무늬를 만드는 것도 좋은 방법입니다.

다른 땀 위에 귀갑무늬를 놓을 때 신경 써야 할 점은 바로 결 방향입니다. 바탕에 채운 평수와 귀갑수 일부의 결 방향이 같은 경우에는 귀갑수의 땀이 바탕수 사이로 숨어 들어갈 수 있습니다. 그러므로 맨 처음 바탕에 수를 채울 때는 귀갑수의 방향을 고려하여 서로 겹치지 않는 방향으로 놓으면 편합니다. 그리고 귀갑수 땀을 놓을 때 그 자리에 있는 평수의 땀을 밟는 것도 중요합니다. 제대로 밟지 않고 바닥 원단에 땀을 놓는 경우도 마찬가지로 귀갑수의 땀이 숨을

수 있고 또 바탕수의 땀을 밀거나 당기면서 원단 바
닥이 드러날 수도 있습니다.

채워진 면 위에 놓는 귀갑수

귀갑수 아래에 두는 평수 결 방향 예시

——— 평수 결 방향선
——— 귀갑수 도안선

✓　　　✓　　　△　　　△

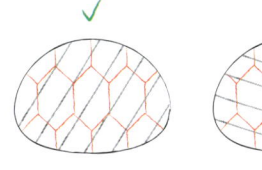 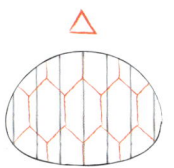

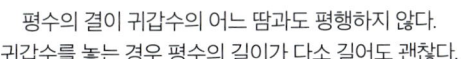

평수의 결이 귀갑수의 어느 땀과도 평행하지 않다.
귀갑수를 놓는 경우 평수의 길이가 다소 길어도 괜찮다.

귀갑수 땀의 일부와 평수가 평행하다.

1. Y자 모양이 일그러져요.

바탕수의 유무와 상관없이 Y자 모양이 바르지 않을 때는 바늘을 당기는 방향과 힘을 살펴봅시다. 먼저 Y자 모양을 만들 때 V자의 중심점을 뚫고 나온 바늘을 당기는 방향은 그 땀이 진행되는 방향이어야 합니다. 즉 중심점에서 나온 땀은 아래쪽으로 당겨져야 합니다. 그런데 그와 반대 방향으로 당기면 V자로 만들어 놓은 땀이 너무 짧아지면서 놓고 있던 모양은 물론 주변의 땀과 원단 조직에도 영향을 미칩니다. 반대로 땀에 너무 많은 여유를 두면 땀에 힘이 없어서 수의 형태가 모호해집니다. 수를 놓을 때 중요한 것은 매 땀을 놓을 때마다 적당하고 균일한 힘을 주는 것이며 나아가 힘의 강약조절이 필요할 때를 아는 것입니다.

중심점에서 바늘을 당기는 모습

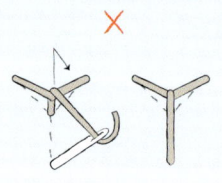

V의 안쪽으로
세게 잡아당겼다.

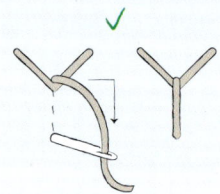

도안에 맞게
V 모양이 만들어졌다.

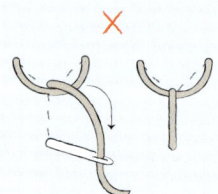

충분히 당기지 않아
길이가 남는다.

2. 가장자리에 남는 부분을 어떻게 완성해야 할까요?

귀갑무늬를 채우는 도안의 모양이 항상 반듯하지는 않습니다. 그래서 여러 층으로 된 귀갑수를 놓다 보면 어느 한쪽 끝부분은 연결하지 못한 채로 지나갈 수도 있고 도안 중간에 실을 마무리해야 할 때도 있을 것입니다. 물론 어떤 방식으로 연결되고 끊기는지는 전혀 문제가 되지 않습니다. 하지만 최대한 자연스럽게 연결된 모습을 만들고 싶다면 미리 놓인 땀의 위치와 앞으로 놓을 땀의 진행 방향을 고려하여 길을 찾아가면 됩니다. 특히 Y자나 V자를 만드는 방법과 다른 땀 아래로 바늘을 통과시키는 법을 적절히 사용하면 귀갑수 특유의 땀과 똑같은 모양도 만들 수 있습니다. 다음 예시로 연습해보고 그 외에도 다양한 길을 찾아봅시다.

중간에 끊긴 귀갑무늬를 채우는 방법

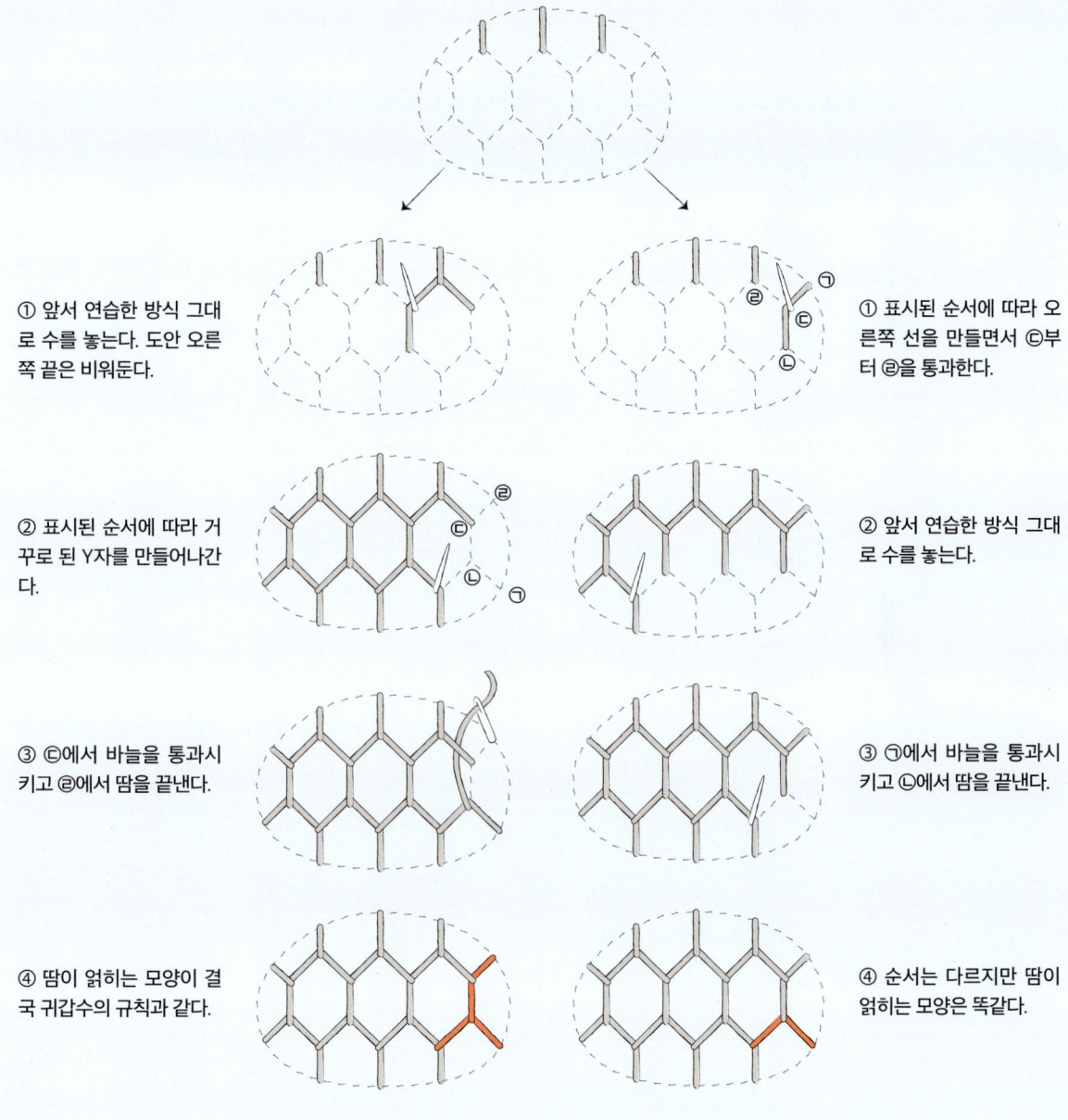

① 앞서 연습한 방식 그대로 수를 놓는다. 도안 오른쪽 끝은 비워둔다.

① 표시된 순서에 따라 오른쪽 선을 만들면서 ㉢부터 ㉣을 통과한다.

② 표시된 순서에 따라 거꾸로 된 Y자를 만들어나간다.

② 앞서 연습한 방식 그대로 수를 놓는다.

③ ㉢에서 바늘을 통과시키고 ㉣에서 땀을 끝낸다.

③ ㉠에서 바늘을 통과시키고 ㉡에서 땀을 끝낸다.

④ 땀이 얽히는 모양이 결국 귀갑수의 규칙과 같다.

④ 순서는 다르지만 땀이 얽히는 모양은 똑같다.

3. 도안의 크기가 작아서 귀갑무늬를 채우기 어려워요.

도안이 널찍하면 여러 층으로 이루어진 귀갑무늬를 놓을 수 있지만 작은 거북의 등에는 두 층만 놓아도 도안이 꽉 찹니다. 큰 병풍을 제외하고는 실제로 많은 유물에서 세 층 이상의 귀갑무늬는 거의 보이지 않습니다. 오히려 Y자 몇 개만으로 끝나는 경우는 많습니다. 그러니 작은 도안 안에서 그물처럼 촘촘한 무늬를 놓으려 애쓰기보다는 육각형이 다 나오지 않더라도 바늘을 움직이기 편한 정도의 크기로 작업합니다. Y자 한두 개만 놓기 아쉽다면 다음과 같은 방법으로 보완하거나 변형해보는 것은 어떨까요?

• 귀갑수 안에 무늬 겹쳐 놓기

V자 모양이나 직선의 땀을 이용하여 완성된 귀갑무늬를 겹선으로 만듭니다. 아래 그림과 같이 각각의 칸 안쪽 면에 선을 채우면 최종 귀갑무늬를 이루는 선은 총 세 겹씩 되어 있는 것으로 보입니다. 이때 여러 가지 색을 사용하여 한층 더 풍부하고 입체적인 표현을 할 수 있습니다.

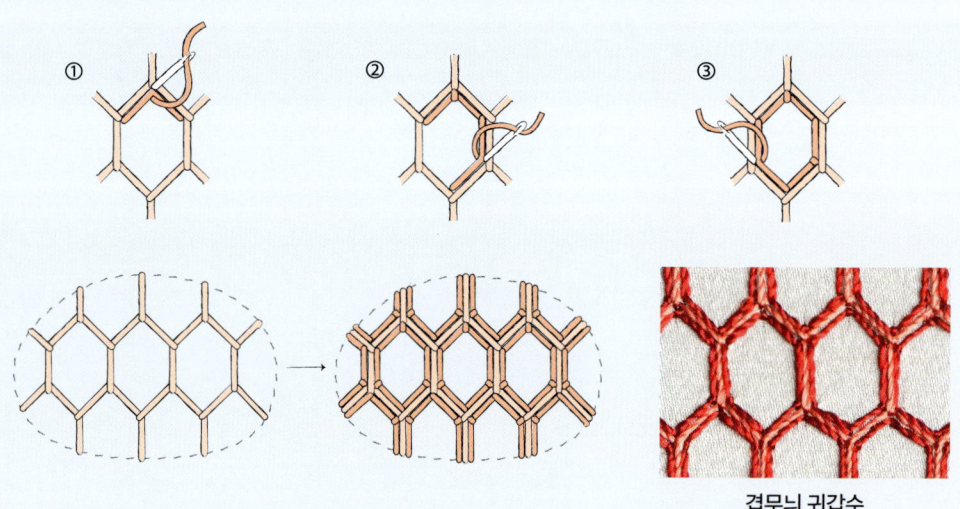

겹무늬 귀갑수

• 2색 꼰사 또는 색이 다른 두 가닥의 실로 귀갑수 놓기

두 가지 색이 섞인 실은 유물 속 귀갑수에서 종종 등장합니다. 2색 꼰사는 시중에 판매되는 것을 사용하거나 《전통자수-한국의 기본 자수 배우기》에서 설명된 방법을 따라 만들어 사용할 수도 있습니다. 또는 서로 다른 색의 실 두 가닥을 한 바늘에 꿰어 귀갑수를 놓는 것도 재미있는 방법 중 하나입니다.

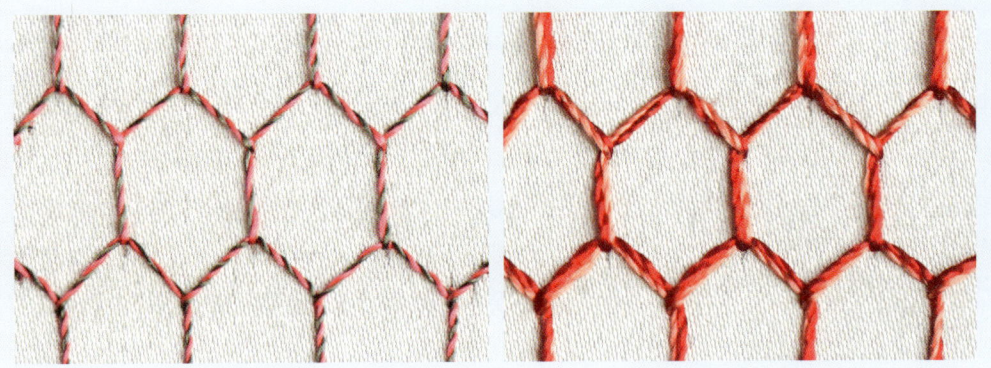

2색 꼰사 귀갑수   두 가닥 실 귀갑수

• 다른 무늬로 귀갑무늬 대신하기

거북의 등 껍데기를 꼭 육각형의 귀갑무늬로 채워야 하는 것은 아닙니다. 바둑판처럼 가로와 세
로선으로 만든 무늬는 귀갑무늬만큼 많이 사용됩니다. 격자무늬는 놓는 방법이 쉬우면서도 교차
점에 놓는 땀의 색상과 크기에 따라 다양한 효과를 낼 수 있습니다. 격자무늬 역시 거북뿐만 아니
라 다른 여러 가지 도안에 장식으로 활용할 수 있습니다.

다양한 격자무늬 예시

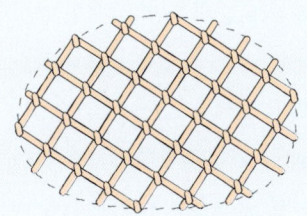 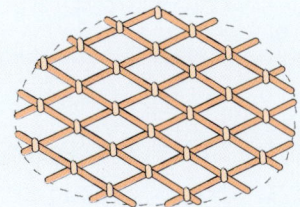 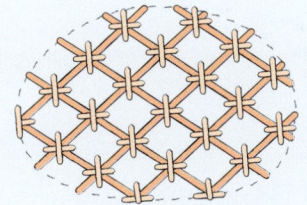

정사각형 무늬의 교차점에   마름모꼴 무늬의 교차점에   교차점에
같은 색으로 점수를 놓는다.   다른 색으로 점수를 놓는다.   十자 모양을 놓는다.

10. 징금수 ──────── 스스로 빛나기도, 주변을 빛내주기도 하는 금사의 활용

금사 징금수

'징금'이라는 말은 '징그다'라는 동사의 명사형으로, 일상적으로는 잘 사용되지 않는 단어입니다. 그래서 처음 기법 이름을 들으면 생소하지만 그 뜻을 알고 나면 어떤 방식으로 놓는 기법인지 금방 이해할 수 있습니다. 징그는 것은 옷이나 어떤 바탕 위에 다른 천 조각이나 재료를 올리고 바느질 등으로 고정하는 것을 말합니다. 섬유공예 중 무엇인가를 덧붙여 놓는 '아플리케(applique)'와 비슷한 개념이지만 전통자수에서는 보통 특정 실을 덧붙여 놓는 작업을 일컫습니다. 실이라면 바늘에 꿰어서 원단에 직접 놓으면 될 텐데 왜 굳이 다른 바느질로 고정하려는 걸까요? 어떤 재료든 징금수의 대상이 될 수 있지만 보통은 금사나 매우 굵은 실 등 바늘에 직접 꿰어 바느질하기 어려운 재료가 사용됩니다. 실의 종류에 따라 징그는 방식에 조금씩 차이가 있지만 이 책에서는 가장 쓰임새가 많은 금사를 징그는 법에 대해서 알아보겠습니다.

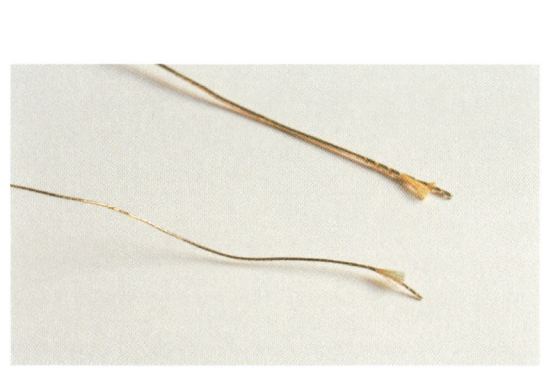

금박 종이와 심지

전통자수에 사용하는 금사는 단순히 색이 금색인 실이 아니라 실 심지를 금박 종이가 감싸고 있는 형태의 특수한 실을 말합니다. 폭이 좁고 두께가 얇은 금박 종이는 접착제 없이 심지에 돌돌 말려 있기 때문에 살짝만 잡아당겨도 금박과 심지를 분리할 수 있습니다. 이런 실은 바늘에 꿰어 몇 번 땀을 놓으면 금박이 밀려 구겨지거나 찢어지는 등의 문제가 생깁니다. 그렇기 때문에 금사를 사용할 때는 굵기와 상관없이 징금수 기법을 사용하여 금사의 손상을 방지합니다. 그리고 수 뒷면에 놓이는 금사의 분량을 최소화하여 완성된 작품이 너무 뻣뻣해지는 것도 피할 수 있습니다.

징금수를 놓기 위해서는 금사를 징그는 다른 실, 즉 징금실이 필요합니다. 징금실은 바늘땀으로 놓는 재료이기 때문에 자수실 또는 자수용 바늘에 꿸 수 있는 어느 실이든 사용할 수 있습니다. 징금실을 고를 때에는 금사만 돋보이게 할 것인지 아니면 징금실의 땀도 드러나게 할 것인지를 고려하여 정할 수 있습니다. 먼저 금사만 놓인 것처럼 보이게 하고 싶다면 금사와 비슷한 색상인 노란 계열의 실을 사용합니다. 은사라면 주로 흰색을 사용합니다. 징금실이 튀지 않게 하려

견봉사와 금사

면 일반 자수실보다 가는 굵기의 실을 씁니다. 그래서 가는 견봉사(재봉용 견사)를 쓰거나 자수실의 반 올만 쓰기도 합니다. 금사를 판매하는 곳에서 징금수용으로 만든 아주 가는 꼰사를 따로 구매할 수도 있습니다.

징금실의 땀이 눈에 띄도록 표현하고 싶다면 금사와 다른 색의 실을 쓰거나 일반 명주실과 같은 굵기의 실 등을 사용할 수 있습니다. 전통적으로 빨간색 실과 금사는 종종 짝을 이룹니다. 붉은 계열의 색은 전통자수의 바탕색으로도 가장 많이 사용되기 때문에 금사와 빨간색 실의 조합은 자수 전체의 분위기와 어우러지면서 한층 더 화려한 느낌을 더합니다. 그 밖에도 바탕 원단 색이나 작품의 주요 색상 중에서 징금실의 색을 선택하는 것도 좋은 방법이 될 것입니다.

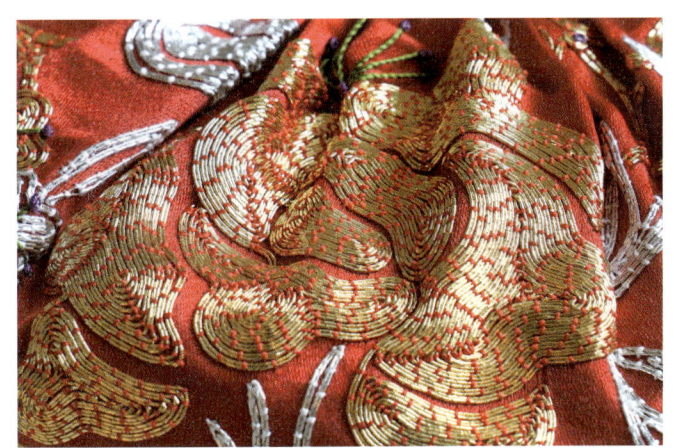

빨간 견봉사와 금사 징금수

징금수를 이용하여 금사를 수놓는 데에도 여러 가지 방법이 있습니다. 금사로 선을 표현하거나 면을 채우는 경우, 금사를 한 줄로 놓거나 두 줄 또는 세 줄로 놓는 경우 등 같은 재료를 동일한 기법으로 수놓지만 표현하고 싶은 모양에 따라 수놓는 방식이 조금씩 다릅니다. 여기에서는 징금수 기법의 가장 기초가 되는 방식을 알아보겠습니다. 한 줄의 금사를 가지고 놓는 기본 방식은 이음수와 쓰임새가 비슷합니다. 식물의 줄기나 곤충의 더듬이, 문자의 획 등, 선으로 된 도안을 표현하기도 하고 다른 수로 채워진 도안면의 테두리를 둘러주는 데도 사용됩니다.

∞ 기본 징금수 놓는 방법

* 굵기가 가는 징금실은 매듭을 지을 때 바늘에 실을 감는 횟수를 늘려서 충분한 크기의 매듭을 만듭니다.
* 금사를 편하게 꿸 수 있는 크기의 바늘이 별도로 필요합니다.

① 도안선상이나 근처 도안에 점수를 놓은 후 시작점과 1~2mm 떨어진 지점에서 바늘을 올린다.

② 금사의 끝을 시작점보다 2cm 이상 길게 남겨두고 금사를 고정하는 땀을 놓는다.

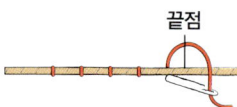

③ 2~4mm 정도 일정한 간격의 땀으로 금사를 고정한다. 끝점과 1~2mm 떨어진 지점에 마지막 땀을 둔다.

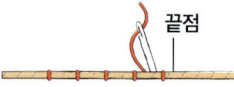

④ 근처에 숨길 곳이 없는 경우 금사 밑에 점수를 숨겨 마무리한다. 실이 가늘면 점수를 3~4회 정도 놓는다.

⑤ 시작점에 금사용 바늘을 반쯤 꽂아 놓는다. 금사의 끝을 깔끔하게 정리하고 바늘구멍에 끼운다.

⑥ 금사의 심지와 금박이 모두 바늘에 잘 꿰인 것을 확인하고 바늘을 아래로 잡아 뺀다.

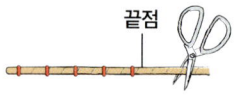

⑦ 끝점의 금사도 2cm 이상의 여유분을 두고 자른다.

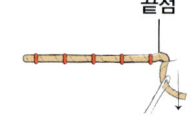

⑧ 시작점과 같은 방식으로 여분의 금사를 바늘에 꿰어 원단 아래로 뺀다.

⑨ 완성된 금사 징금수 모습

금사를 마무리하는 순서는 바뀌어도 상관없습니다. 동그라미처럼 도안선의 시작점과 끝점이 따로 있지 않은 도안은 임의로 시작점을 정하고 이와 동일한 방법으로 놓습니다. 마무리할 때 고정력을 높이기 위해 평소보다 점수를 더 많이 놓지만 그럼에도 불구하고 금사를 원단 뒤로 세게 당길 때 땀이 풀릴 수도 있습니다. 그런 문제를 방지하려면 징금실을 자르기 전에 금사를 먼저 아래로 빼는 것도 좋습니다.

시작점과 끝점이 같은 징금수

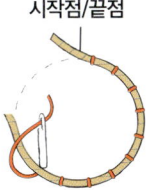

시작점/끝점

① 한 점에서 시작하여 땀을 놓는다.

② 같거나 비슷한 지점에서 마무리한다.

③ 완성된 금사 징금수 모습

여러 가지 선 모양의 금사 징금수

∞ 각진 모서리에 징금수 놓는 방법

도안선에 직각으로 꺾이거나 뾰족한 부분이 있을 때는 다음과 같이 땀을 놓아 정확하고 날렵한 각을 표현할 수 있습니다. 아주 가는 금사를 사용하는 경우에는 굳이 여러 땀을 더하지 않아도 괜찮습니다. 하지만 굵은 심지와 뻣뻣한 금박 종이 때문에 모서리가 뭉뚝해지는 경우에는 모서리 부분에 놓는 땀의 위치와 각도를 조절하여 보완할 수 있습니다.

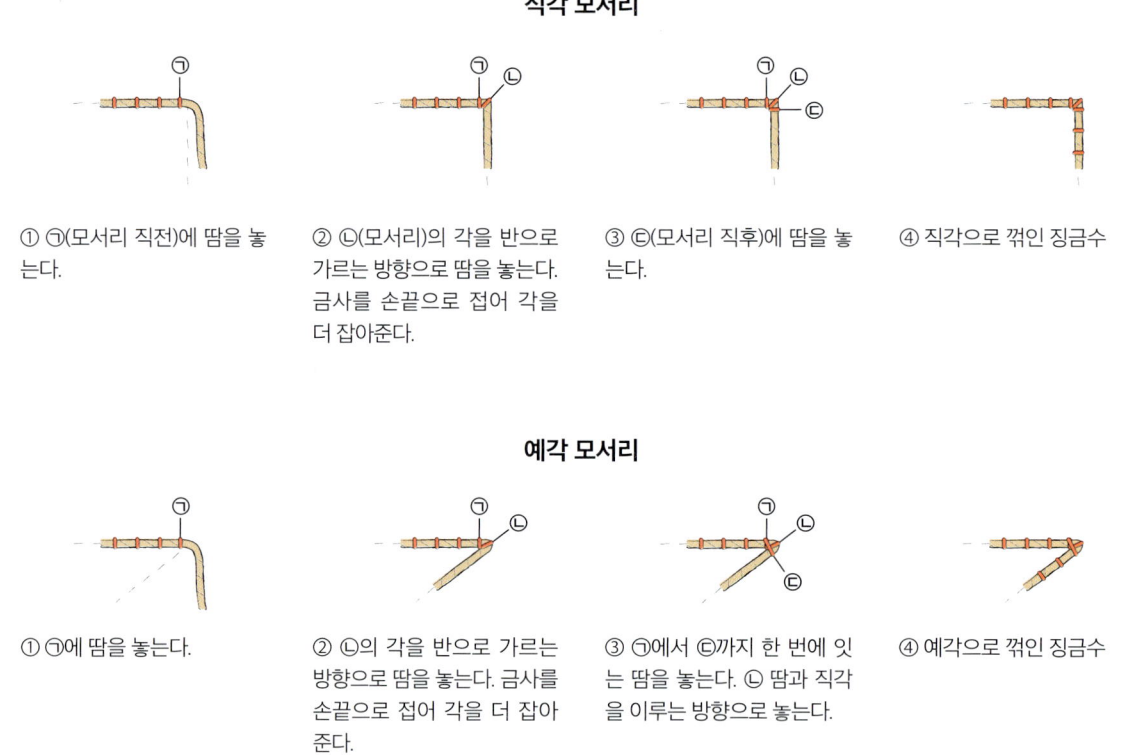

직각 모서리

① ㉠(모서리 직전)에 땀을 놓는다.

② ㉡(모서리)의 각을 반으로 가르는 방향으로 땀을 놓는다. 금사를 손끝으로 접어 각을 더 잡아준다.

③ ㉢(모서리 직후)에 땀을 놓는다.

④ 직각으로 꺾인 징금수

예각 모서리

① ㉠에 땀을 놓는다.

② ㉡의 각을 반으로 가르는 방향으로 땀을 놓는다. 금사를 손끝으로 접어 각을 더 잡아준다.

③ ㉠에서 ㉢까지 한 번에 잇는 땀을 놓는다. ㉡ 땀과 직각을 이루는 방향으로 놓는다.

④ 예각으로 꺾인 징금수

일반적으로 금사가 더해진 수가 그렇지 않은 수보다 더 고급스러워 보이거나 어려워 보입니다. 기법과 관련하여 실제 그런 경우도 있지만 단지 금사를 많이 쓴다고 해서 꼭 높은 수준의 솜씨를 필요로 하는 것은 아닙니다. 어떤 경우에는 금사 징금수를 놓는 것이 다른 기법보다 편한 방법일 때도 있습니다. 그리고 금사가 오히려 작품의 우아한 멋을 가릴 수도 있습니다. 중요한 것은 작품의 전체 분위기와 의도에 어울리는 소재와 기법을 사용하는 것입니다.

1. 금사의 금박 종이가 점점 풀어져요.

실 심지 주변을 감싸고 있는 금박 종이는 접착되어 있지 않기 때문에 손으로 잡아당기면 당길수록 계속 풀립니다. 금사를 당겨야 할 경우에는 반드시 내부의 심지와 금박을 동시에 잡도록 합니다. 끝 부분의 금박이 많이 풀려나온 금사는 가위로 다듬어주거나 심지의 끝을 잡고 금박을 조금씩 제자리로 밀어줍니다. 수를 놓던 중 금사의 심지가 드러났다면 금박이 많이 뭉친 부분을 조정하여 정리해주는 것이 좋습니다.

2. 마무리할 때 금사를 원단 뒤로 잡아 빼기 어려워요.

아래 몇 가지 상황 중 한 가지 또는 복합적인 원인을 찾아 해결해봅시다.

• 금사 여분이 너무 짧다면

　금사의 사용량을 최소화하고 수의 뒷면을 깔끔하게 하기 위해 2cm 정도 길이를 여분으로 남겼었습니다. 하지만 2cm로는 바늘에 꿰기 어렵다면 원하는 만큼 길게 두고 편하게 마무리합니다. 그리고 나중에 뒷면에서 너무 길게 나온 금사를 다듬어줍니다.

• 금사를 바늘구멍에 넣기 어렵다면

　최대한 금사를 손끝으로 힘껏 눌러 납작하게 만든 후 바늘에 꿰입니다. 만약 금사 끝의 심지와 금박이 분리된 상태라면 심지와 금박을 각각 따로 작업하는 것도 괜찮습니다. 그 밖에 가는 철사로 만들어진 실 끼우개(일명 '효자핀')를 이용하여 바늘에 끼워도 됩니다. 또는 사진에서 보이는 일명 '허리바늘' 또는 '배바늘'을 이용하면 아주 굵은 금사도 비교적 쉽게 꿸 수 있습니다.

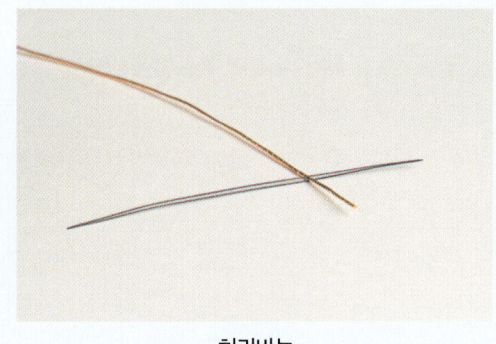

허리바늘

3. 금사 테두리와 도안면 사이에 틈이 생겨요.

정교한 징금수를 위해서는 기본적으로 징금실이 금사를 꼭 맞게 휘감아야 합니다. 금사를 너무 세게 조이면 테두리에 굴곡이 생기고 너무 느슨하면 여유 공간이 생겨 금사가 움직입니다. 특히 평수 등으로 채워진 도안면을 따라 테두리를 두를 때는 징그는 방향을 다음 그림과 같이 테두리의 바깥쪽에서 안쪽으로 하는 것이 도움이 될 수 있습니다. 안쪽에서 바깥쪽으로 땀을 놓는 경우 금사가 바깥쪽으로 밀리면서 도안과 테두리 사이에 틈이 생길 수 있기 때문입니다.

면이 채워진 도안면의 테두리 징그는 방향

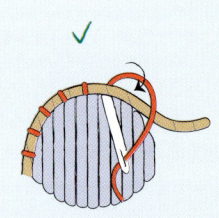 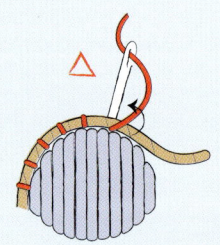

테두리의 바깥쪽에서 안쪽 방향   테두리 안쪽에서 바깥쪽 방향

4. 금사로 놓은 테두리 선이 울퉁불퉁해요.

수를 놓기 전에 원단을 제대로 당겨 매었다면 원단이 약간 늘어난 상태에서 수를 놓을 것입니다. 그리고 그 원단을 다시 수틀에서 떼어내면 원단이 수축합니다. 꼬임이 있는 명주실은 어느 정도 유연성을 가지고 있어서 원단과 실이 당겨진 정도가 다르더라도 크게 눈에 띄지 않습니다. 그러나 종이를 감싸 만든 금사는 탄성이 없고 유연하지 않습니다. 만약 징금수를 놓을 때 금사를 느슨하게 놓으면 나중에 여유분이 조금씩 움직입니다. 그래서 금사 징금수를 놓을 때는 원단이 수축할 것을 고려하여 금사를 틈틈이 잘 당겨주고 당길 때는 금박과 심지가 분리되지 않도록 주의합니다.

5. 금사가 없는 경우 대체할 만한 재료나 기법이 있을까요?

금사를 구하기 어렵거나 명주실만을 이용하여 수를 놓고 싶을 때 징금수를 대신할 만한 대표적인 기법은 이음수입니다. 징금수와 이음수 두 기법 모두 선을 표현하거나 도안의 테두리를 두르는 등 비슷한 용법을 가지고 있습니다. 만일 명주실을 가지고도 금사와 같은 느낌을 주고 싶다면 금색과 비슷한 노란 계열의 실을 써봅시다. 또는 일반 명주실을 금사처럼 써서 징금수를 놓을 수도 있습니다. 명주실을 징그는 경우에는 시작점과 끝점에서 마무리할 때 굳이 여분을 두고 뒤로 빼낼 필요가 없습니다. 다른 기법을 놓을 때처럼 바늘에 실을 꿰고 매듭을 지은 다음 시작점에서 실을 위로 빼어내고, 마무리할 때는 점수를 근처에 두 번 이상 놓아주면 됩니다.

기초 4

마무리하기

수를 다 놓고 나면 먼저 작품 전체가 한눈에 들어오는 거리에서 작품을 찬찬히 훑어봅시다. 작업하는 동안 계속 보아온 작품이지만 처음으로 완성작을 마주하는 시간입니다. 이 단계에서 작품을 바라보고 있으면 한 땀 한 땀 수놓은 순간들이 머릿속에서 빠르게 스쳐 지나갈 것입니다. 그리고 열정과 끈기를 가지고 수를 놓은 나 자신을 대견하게 느끼기도 할 것입니다. 혹시 중간에 빠뜨린 곳은 없는지, 눈에 띄게 잘못된 곳은 없는지, 또는 더 추가하고 싶은 것은 없는지 등 마지막 검토를 마치고 나면 수틀을 뒤집어 뒷면을 볼 차례입니다.

1. 수 뒷면 정리하기

수 뒷면

실이 엉키거나 땀을 많이 풀어야 하는 문제가 있지 않은 이상 수를 놓는 동안에는 앞면만 보고 있게 됩니다. 어느 정도 수놓기가 손에 익은 사람이라면 처음부터 끝까지 한 번도 수틀의 뒷면을 보지 않을 수도 있습니다. 작품 완성 후에 처음 바라보는 수 뒷면의 첫인상은 어떤가요? 마치 수의 앞면을 보는 것처럼 생각보다 정갈한 모습에 놀랄 수도 있고, 예상치 못한 곳에 실이 튀어나와 있어서 당황스러울 수도 있습니다.

뒷면이 반드시 앞면처럼 고와야 하는 것은 아니지만 앞면에 영향을 줄 정도로 지저분해서는 안 될 것입니다. 뒷면의 두꺼운 실 뭉치로 인해 작품 표면이 울퉁불퉁해지거나 뒷면의 빈 바탕을 가로지르는 실이 앞면으로까지 비쳐 보이는 상황은 피하도록 합시다. 오랜 시간 정성을 들여 완성한 작품을 제대로 마감하기 위해서 다음과 같은 몇 가지 예시를 참고해봅시다. 반드시 지켜야 하는 법칙은 없고 상황에 맞게 응용하면 됩니다.

수 뒷면

• 길게 튀어나온 실

1cm 이하의 짧은 실은 그대로 두어도 괜찮습니다. 하지만 해당 도안의 범위를 벗어날 정도로 긴 실이 있다면 1cm 정도로 다듬어줍니다. 완전히 짧게 자르지 않고 어느 정도 여유분을 남기는 이유는 자른 땀이 완벽히 고정되어 있지 않을 경우를 대비하기 위해서입니다. 실이 점수로 고정되어 있지 않은 상태에서 바짝 자르면 바늘땀이 풀릴 수 있으니 주의하시길 바랍니다.

• 실고리

고리는 미처 다 당기지 못한 땀일 수도 있고 실 중간에 스스로 묶여서 생긴 매듭일 수도 있습니다. 어느 경우든지 땀이 풀리는 것을 방지하기 위해서는 너무 짧게 자르지 않는 것이 좋습니다. 고리로 된 실은 한 가닥의 실보다 힘이 있어서 약간 더 빳빳하게 서 있기도 합니다. 그럴 때는 고리를 반으로 자릅니다. 그리고 실의 길이는 한 가닥의 실이 튀어나왔을 때와 마찬가지로 너무 길거나 짧지 않게 1~2cm 정도의 길이로 다듬어줍니다. 만약 고리가 너무 작다면 자르지 않아도 괜찮습니다.

• 도안과 도안 사이를 가로지르는 실

수를 놓을 때 원단 뒷면에서 도안면이 아닌 빈 공간에 실이 지나가는 일이 없게 하는 것이 중요합니다. 바탕 원단이

얇거나 연한 색상인 경우에는 앞면으로 티가 나기 때문에 더욱 주의해야 합니다. 하지만 작업을 하다 보면 실이 어딘가에 이어져 있거나 걸린 것을 나중에 발견하기도 합니다. 빈 공간을 가로지르는 실은 중간을 끊어주는 것이 좋은데, 만약 실의 길이가 5mm 이하로 짧다면 굳이 손을 대지 않는 것이 안전합니다.

• 뭉쳐서 얽힌 실

길게 튀어나온 실보다 두껍게 뭉친 실이 더 큰 문제가 될 수 있습니다. 가능한 만큼 엉킨 매듭을 풀고 길이를 다듬어 줍시다.

• 금사 여분

징금수 기법으로 금사를 놓으면 뒷면에 금사 여분이 가시처럼 튀어나와 있습니다. 마무리할 때 금사를 길게 두었다면 뒷면에서 모두 1cm 정도의 길이로 다듬어줍니다. 금사는 명주실보다 뻣뻣해서 바닥으로 가지런히 눕히기가 쉽지 않습니다. 특히 짧게 자를수록 수직으로 더 바짝 서기 때문에 너무 짧게 자르지 않도록 합니다. 금사를 손끝으로 눌러 접으면 정리하는 데에 어느 정도 도움이 됩니다.

2. 풀 바르기와 증기 쐬기

뒷면까지 단정히 정리된 수를 한결 더 깔끔하게 마무리하기 위해서 풀을 발라줍니다. 만약 작품의 크기가 작거나 수가 대부분 1cm 이하의 짧은 땀으로 이루어진 경우라면 이 과정을 생략해도 큰 문제는 없습니다. 그렇지만 풀이 작품을 완성하는 데에 어떤 효과를 주는지 알고 활용하면 도움이 될 것입니다. 큰 작품을 하기 전에 작고 간단한 작품으로 풀 바르는 과정까지 연습하는 것도 좋은 방법입니다.

먼저 수의 뒷면에는 어떤 풀을 발라야 할까요? 전통적으로는 밀가루나 쌀가루 등과 물을 섞어서 직접 쑨 풀을 사용합니다. 풀을 쑤는 여러 가지 방법 가운데 집에서도 손쉽게 만들 수 있는 방법이 있으니 다음 장의 설명을 참고하시길 바랍니다. 시중에서 판매되는 풀을 사용할 수도 있습니다. 문구점에서 쉽게 구할 수 있는 물풀이나 도배지를 벽에 붙일 때 사용하는 도배풀, 종이공예 등에 사용되는 문방풀 등 모두 가볍게 수놓기를 시작하는 분들에게는 충분히 좋은 대체재가 됩니다. 어떤 풀을 사용하든 중요한 것은 적당한 양의 풀을 적절한 자리에 바르는 것입니다.

풀 바른 수 뒷면

∞ 풀 쑤는 방법

재료와 도구: 밀가루, 물, 냄비, 숟가락, 가스레인지

① 작은 냄비에 밀가루 반 숟가락과 종이컵 한 컵 정도의 물을 넣고 섞는다. 비슷한 비율로 양을 조절할 수 있다.

② 밀가루가 덩어리 지지 않도록 잘 개어준다.

③ 중불로 밀가루 물을 끓이는 동안 바닥이 눌러붙지 않도록 계속 저어준다.

④ 밀가루 물이 끓으면 약불로 줄여서 조금 더 저어준다. 점점 점성이 생겨 풀이 된 것을 볼 수 있다.

⑤ 풀의 점도가 물풀처럼 되었을 때 불을 끈다. 풀이 너무 묽으면 자수실의 색이 이염되거나 원단에 얼룩이 생길 수 있으므로 묽은 것보다는 되직한 편이 낫다.

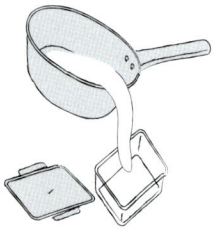

⑥ 풀을 한 김 식혀서 사용한다. 뚜껑이 있는 용기에 담아 냉장고에 보관하면 2~3주 정도까지 사용할 수 있다.

∞ 풀을 바르는 이유

풀을 바르면 얻을 수 있는 효과를 살펴봅시다.
풀을 바르는 이유를 알면 실제로 어떤 부분에
어떻게 바를지 생각하는 데에 도움이 됩니다.

• 바늘땀의 고정력

시작과 끝에 놓은 점수로 바늘땀을 고정했지만
만약의 경우를 대비한다. 수의 뒷면에 풀을 먹
인 후 굳히면 점수나 매듭이 더욱 단단해진다.
풀을 먹여 다림질한 옷이 그렇지 않은 옷보다
형태를 잘 유지하는 것처럼 수도 풀을 발랐을
때 고정력이 더 높아진다.

• 실올 정리

이미 뒷면은 최대한 깔끔하게 정리된 상태이지
만 실올이 수직으로 서 있거나 이리저리 움직인
다면 풀을 발라서 원하는 방향으로 눕혀 놓을 수 있다.

| 풀 바르기 전 | 풀 바른 후 |

• 수의 결

흐트러진 수의 결을 바로잡을 수는 없지만 가지런히 놓인 수의 결을 한층 곱게 정돈해줄 수 있다. 평수나 자릿수 등으
로 채운 넓은 면에 풀을 바를 때 풀이 원단에 살짝 흡수될 정도로 바른다. 그러면 앞면의 수가 원단에서 뜨지 않아 더
정갈한 느낌을 준다.

∞ 풀 바르는 방법

앞서 살펴본 효과를 기대하며 풀을 발라
봅시다. 특별한 도구 없이 손가락에 바로
풀을 묻혀서 작업하거나 작은 붓을 사용
합니다. 실제 바를 때 주의할 점은 다음과

풀 바르는 모습

같습니다.

· 풀 바르는 곳

수가 놓인 부분에 전체적으로 가볍게 풀을 펴 바른다. 풀이 직접적으로 닿는 곳은 원단 면이 아닌 자수실이다. 풀을 바르다 보면 물론 원단에도 묻거나 번지지만 일부러 원단에 풀을 바르지는 않는다. 원단에 풀이 묻었을 경우에는 손으로 가볍게 닦아준다.

· 풀의 양

수를 풀에 적시는 것이 아니라 얇은 막을 씌우는 정도로 작업한다. 그렇기 때문에 필요한 풀의 양은 생각보다 적다. 풀을 바를 때에는 한 번에 풀을 듬뿍 떠서 바로 수실에 얹지 말고 조금씩 덜어내어 얹도록 한다. 너무 많은 양의 풀을 바르면 원단에 얼룩이 생길 수 있으니 주의한다. 빨간색, 자주색 등 붉은 계열의 색상은 물이 닿았을 때 이염되기 쉽기 때문에 더 조심한다.

∞ 증기 쐬기

풀 바르는 과정은 생략하더라도 증기는 한번 쐬어주는 것이 좋습니다. 수를 놓은 원단에 증기를 쐬어주는 것은 일상에서 옷에 스팀 다림질을 하는 것과 같은 효과를 줍니다. 꼰사처럼 입체적인 실로 수를 놓은 곳에 직접적으로 다림질을 하는 것은 좋지 않기 때문에 증기로 간접적인 다림질을 합니다. 섬유 소재는 보통 습기를 머금으면 살짝 팽창하고 그 과정에서 구김도 펴집니다. 재료가 수틀에 팽팽하게 고정된 상태에서는 원단과 실의 결을 정돈하기가 더 쉽습니다.

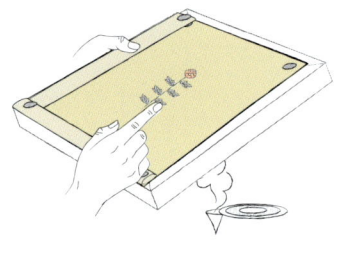

① 냄비나 주전자 등으로 물을 끓여 증기를 낸다. 손을 데지 않게 조심하면서 20cm 정도의 거리를 두고 수의 뒷면에 증기를 골고루 쐬어준다. 습기를 머금은 원단은 살짝 눅눅해지고 늘어진다.

② 평수나 자릿수 등으로 면이 넓게 채워진 부분이 있다면 수의 윗면에서 결 방향을 따라 손가락으로 가볍게 쓰다듬어 준다. 그러면 수의 결을 조금 더 단정히 정리하는 데에 도움이 된다. 풀과 습기가 완전히 마르면 원단이 다시 팽팽해지고 풀을 먹은 수의 뒷면이 까끌까끌해진다.

3. 수틀 떼기

작품에 증기까지 잘 쐬고 말렸다면 이제는 수틀에서 원단을 떼어낼 때입니다. 수틀에서 압정을 뺄 때나 풀로 붙인 원단을 뗄 때도 조심해야 할 사항이 몇 가지 있습니다. 마지막 작업까지 주의를 기울여 멋진 작품을 완성해 봅시다.

수틀 떼기

∞ 압정 빼기

쇠숟가락을 지렛대처럼 사용하거나 압정 뜯개를 이용하여 수틀에 박혀 있던 압정을 모두 제거합니다. 종종 압정의 납작한 머리 부분만 떨어지고 심지는 수틀에 남아 있는 경우가 있습니다. 그럴 땐 펜치 같은 공구를 사용하여 빼냅니다. 머리가 떨어지거나 심지가 너무 구부러진 압정은 버리고 멀쩡한 압정은 모아두었다가 재사용합니다.

숟가락으로 압정 빼는 모습

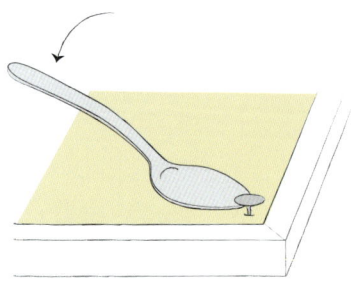

∞ 원단 떼기

원단 떼는 모습

압정을 모두 빼고 나면 나머지 두 면도 수틀에서 떼어냅니다. 원단을 최대한 수틀에 붙은 쪽 가까이로 잡고 조금씩 천천히 뜯어냅니다. 보통 식서 방향(32쪽 참조)으로는 부드럽게 잘 떨어지고 반식서 방향으로는 잘 떨어지지 않거나 원단의 올이 상하는 경우가 많습니다. 그런 원단의 성질을 확인하며 가능한 한 식서 방향으로 원단을 잡아당기고, 만약 풀의 접착력이 너무 강해서 잘 떨어지지 않을 때는 무리하게 당기지 말고 가위로 자릅니다.

∞ 다듬기

수틀에서 떼어낸 원단의 가장자리는 풀이 굳어 있고 실올이 풀려 있을 것입니다. 무언가를 만들기 위해 재단한다면 시접(바느질 등을 위한 여분의 가장자리)을 고려하여 자릅니다. 꼭 테두리를 자르지 않더라도 실올이 너무 많이 풀려 있으면 지저분하지 않게 정리합니다. 당장은 보관만 해둘 예정이라면 그대로 두어도 좋습니다.

원단 다듬기

∞ 보관하기

원단과 실과 마찬가지로 수를 보관할 때는 습기와 직사광선을 유의해야 합니다. 습한 곳에 오래 두면 곰팡이가 필 수 있고 빛에 오래 노출되면 색이 바랠 수 있기 때문입니다. 이런 문제를 방지하기 위해서는 깨끗한 흰 종이나 습자지에 감싸거나 종이 상자에 넣어 그늘진 곳에 보관합니다. 보관하는 곳에 방습제를 넣어두어도 좋고 종종 작품을 꺼내 통풍을 시켜주는 것도 좋습니다.

2장
。

전통문양 수놓기

이번 장에서는 앞에서 배운 기법들을 활용하여 다양한 전통문양을 수놓아보겠습니다. 작품을 직접 만들어 보면 각 기법을 어떻게, 어떤 순서로 놓을지, 또 유의해야 할 점은 무엇인지 더 쉽게 이해할 수 있을 것입니다. 더불어 중간중간 소개된 문양의 종류와 의미에 대해서도 알아봅시다. 직접 수를 놓지 않더라도 다른 작품을 감상하는 데에 도움이 될 것입니다.

작품 설명표 보는 법

작품마다 난이도와 예상 기간, 사용한 재료와 색상 등에 대해 간단히 표시해두었습니다. 사람마다 선호하는 기법이나 어렵게 느끼는 부분이 다르고 수놓는 속도와 작업에 할애할 수 있는 시간도 모두 다르기 때문에 정확한 기준을 두기는 어렵습니다. 그렇지만 최대한 초심자의 눈높이를 고려하여 기준을 잡았습니다. 수의 결 방향을 정하는 법이나 다른 기법으로 대체 가능한 부분 등 소소하지만 유용한 내용도 곳곳에 소개되어 있으니 필요할 때 참고하시길 바랍니다. 작품은 반드시 쉬운 순서부터 해야 하는 것은 아니고 책에 적힌 설명대로 해야 하는 것도 아닙니다. 어느 정도 기초기법이 손에 익은 다음부터는 각자의 취향에 맞추어 자유롭게 작업하는 것을 추천합니다.

1. 난이도: 사용된 개별 기법의 난이도가 아닌 작품 전체의 완성도를 고려했습니다.

　●○○ 이제 막 수놓기 연습을 시작했다.
　●●○ 기초기법이 손에 익었고 작거나 복잡한 도안이 부담되지 않는다.
　●●● 바늘땀의 속성을 이해하고 여러 가지 기법을 자유자재로 사용할 수 있다.

2. 작업 기간: 순수 작업 시간이 아니고 틈틈이 쉬는 시간을 활용하여 작업하는 경우를 말합니다.

　●○○ 며칠에서 한 주 사이
　●●○ 한 주에서 한 달 사이
　●●● 한 달 이상

3. 사용된 기법: 작품 예시에서 사용된 기법이 소개되어 있고, 대체할 만한 다른 기법이 있는 경우에는 별도로 적어두었습니다.

4. 도안의 결 방향: 면을 채우는 도안은 사진 속 완성된 작품 예시와 동일한 결을 표시해 놓았습니다. 다른 결로도 얼마든지 바꿔 놓을 수 있습니다.

5. 재료와 색상: 책에 실린 작품은 모두 명주실 꼰사를 이용하여 비단이나 면에 수를 놓았습니다. 소개된 재료나 색상 외에 다른 구성을 사용해도 좋습니다.

6. 수놓는 순서: 전반적인 작업 순서를 간단히 정리했습니다. 여러 장이 한 쌍이거나 반복되는 작업이 많은 작품인 경우에는 공통으로 해당하는 부분을 모아 설명했습니다.

7. 개별 도안 설명: 도안의 각 문양을 놓는 방법과 순서를 상세하게 정리했습니다. 필요한 경우 그림과 사진을 추가했고, 설명 마지막에는 예시와 다르게 놓을 수 있는 방법도 몇 가지 소개하고 있습니다.

작품 크기 52×148mm/장

난이도 ●○○

작업기간 ●○○

책갈피 만드는 법 279쪽 참조

※※※※※※ **1** ※※※※※※

가볍게 연습하기 좋은
책갈피

❀ **원 단** ————————————————————

노란색 모란문단

❀ **실 색 상** ————————————————————

❀ **기 법** ————————————————————

평수, 가름수, 이음수

❀ **기본 순서** ————————————————————

1. 이음수로 가운데 긴 줄기를 놓는다.
2. 평수와 가름수로 꽃과 잎, 새의 면을 채운다.
3. 이음수로 잎맥의 중심선과 꽃의 테두리를 놓는다.
4. +자, V자 무늬 놓는 법을 활용하여 꽃과 잎을 장식한다.

도안

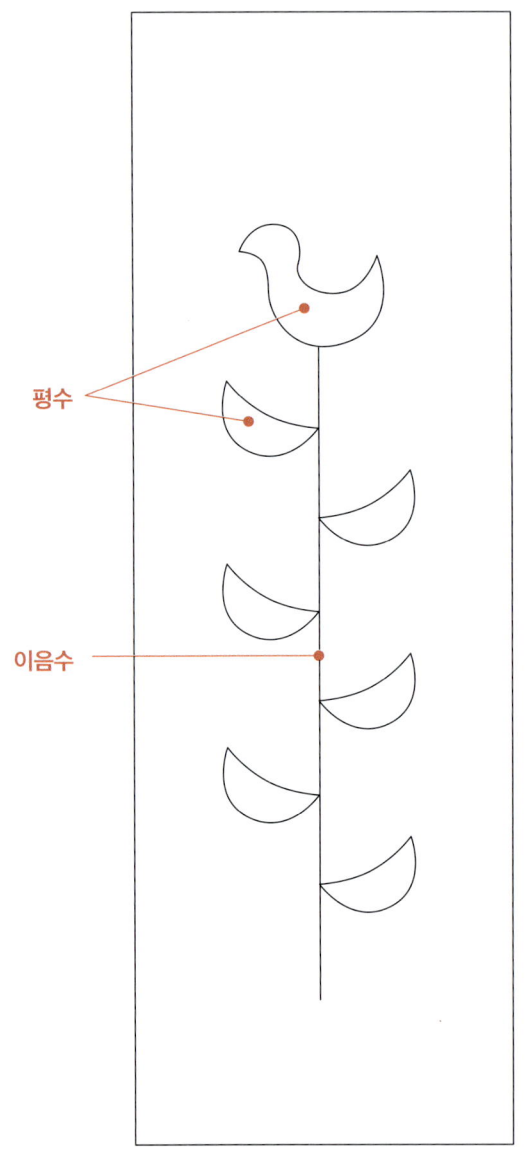

평수

이음수

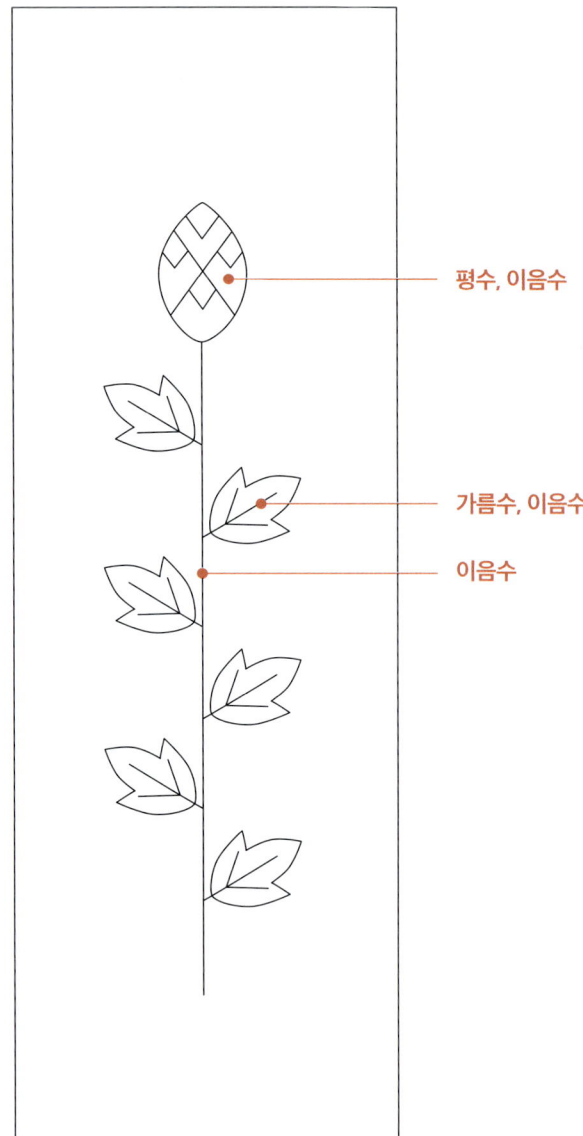

평수, 이음수

가름수, 이음수

이음수

결 방향 안내선

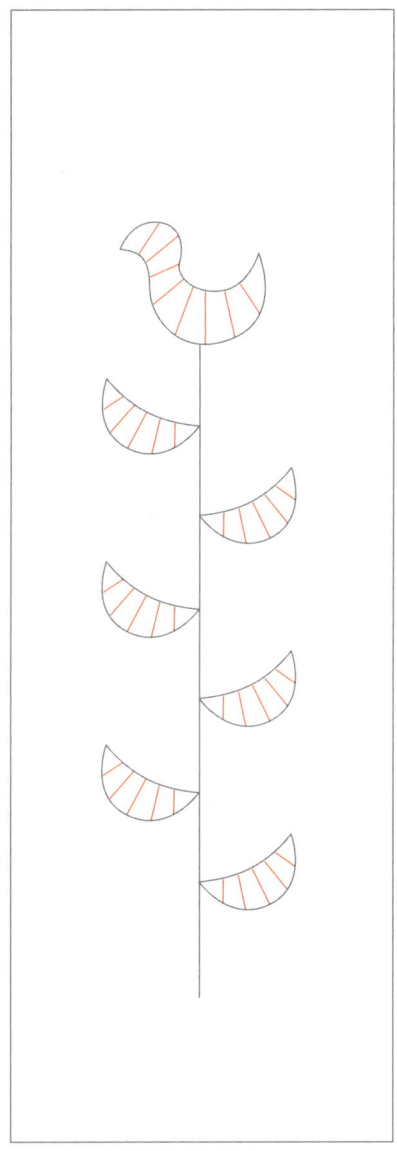

나무 위의 새

개별 도안 설명

줄기

① 도안선에 맞춰 가운데 선을 먼저 이음수로 놓는다.

② 가운데 이음수에 바짝 붙여서 양옆의 이음수를 놓는다.

나뭇잎

면을 평수로 채운다. 표시된 결 방향에 맞게 조금씩 땀의 각도를 바꾼다.

＊ 표시된 결 방향은 평수의 방향을 위한 것이고 색의 구획과 관련이 없다.

새

면을 평수로 채운다. 따로 표시된 결 방향에 맞게 땀의 각도를 바꾼다.

이렇게도 놓을 수 있어요

• 줄기 이음수를 한두 줄이나 네다섯 줄로 놓는다.

• 새의 머리 부분에 씨앗수 하나를 더해 눈을 표현한다.

• 이음수로 새와 잎 테두리를 두른다.

줄기

두 가지 색이 한 줄로 연결된 이음수를 놓는다. 어느 색을 먼저 시작하든 상관없고, 하나의 색을 마무리한 후 다음 색을 이어서 한다.

이음수 색 섞는 방법

① 연두색 이음수를 놓다가 색을 바꿀 지점에서 마무리한다. 마지막 땀을 여러 겹 놓지 않아도 된다.

② 파란색 땀을 앞 땀에 이어서 겹쳐 놓는다. 실색만 다를 뿐 한 줄의 실로 놓는 방식과 동일하다.

③ 완성된 이음수 모습

나뭇잎

① 면을 가름수로 채운다. 잎맥의 중심선은 띔수로 둔다.

② 중심 잎맥을 이음수로 놓는다. 나뭇잎의 꼭짓점에 가까운 부분은 땀을 한 겹으로 남겨두면 선을 날렵하게 만들 수 있다.

③ 부채꼴 솔잎수의 V자 놓는 법을 활용하여 나머지 잎맥을 장식한다.

 **꽃**

① 면을 평수로 채운다.

② X자 경계면에 맞추어 두 개의 긴 땀을 놓고 가운데 교차점을 작은 점수로 고정한다.

평수 채우는 순서와 X자선

① 흰색 면을 모두 띔수로 둔다.

② 큰 X자 경계면은 띔수, 네 개의 V자 경계는 붙임수로 둔다.

③ X자 선을 놓고 교차점을 점수로 고정한다.

③ 이음수로 꽃의 테두리를 두른다. 위쪽 정중앙부터 시작하여 이음수로 한 바퀴를 돌아온 후 마지막에 그림과 같이 짧은 한 땀을 놓아 끝을 날렵하게 만든다.

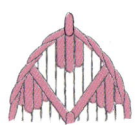

수를 놓는 것은 가만히 앉아서 손만 움직이는 것 같지만 보기보다 체력 소모가 큰 일입니다. 한 자세를 긴 시간 동안 유지하며 작은 바늘땀에 집중하는 것은 눈과 신체의 여러 부위를 피로하게 합니다. 수틀 높이에 맞추어 어깨와 팔꿈치를 들고 땀을 놓을 때마다 손가락과 손목에 힘이 들어갑니다. 도안선을 잘 보려고 상체를 앞으로 기울이고 있을 때에는 등과 허리, 목과 다리에까지도 힘이 듭니다. 자세를 고칠 새가 없을 정도로 열중하는 모습은 만족과 기쁨을 주기도 하지만 그런 재미를 오래 즐기기 위해서라도 작업하는 중간중간 의식적으로 몸을 풀어줍시다. 수놓는 자세가 너무 불편하게 느껴지는 경우에는 먼저 책상과 의자의 높이가 잘 맞는지 확인해봅시다. 의자에 방석을 놓거나 책상에 책을 쌓고 수틀을 올리는 등 나와 잘 맞는 위치와 자세를 찾으면 훨씬 편하게 수를 놓을 수 있을 것입니다.

작품 크기 105×148mm/장

난이도 ●◐○

작업기간 ●●○

엽서 만드는 법 279쪽 참조

2

두세 가지 기법으로 만드는
길상문 엽서

❀ **원　　단** ────────────────────
연황갈색 공단

❀ **실 색 상** ────────────────────

❀ **기　　법** ────────────────────
평수, 이음수, 자릿수, 씨앗수

❀ **기본 순서** ────────────────────
1. 평수와 자릿수로 면을 채운다.
2. 이음수로 구름과 물결, 테두리 등을 놓는다.
3. 씨앗수로 원앙의 눈, 짧은 땀으로 호랑이의 털과 무늬 등을 놓는다.

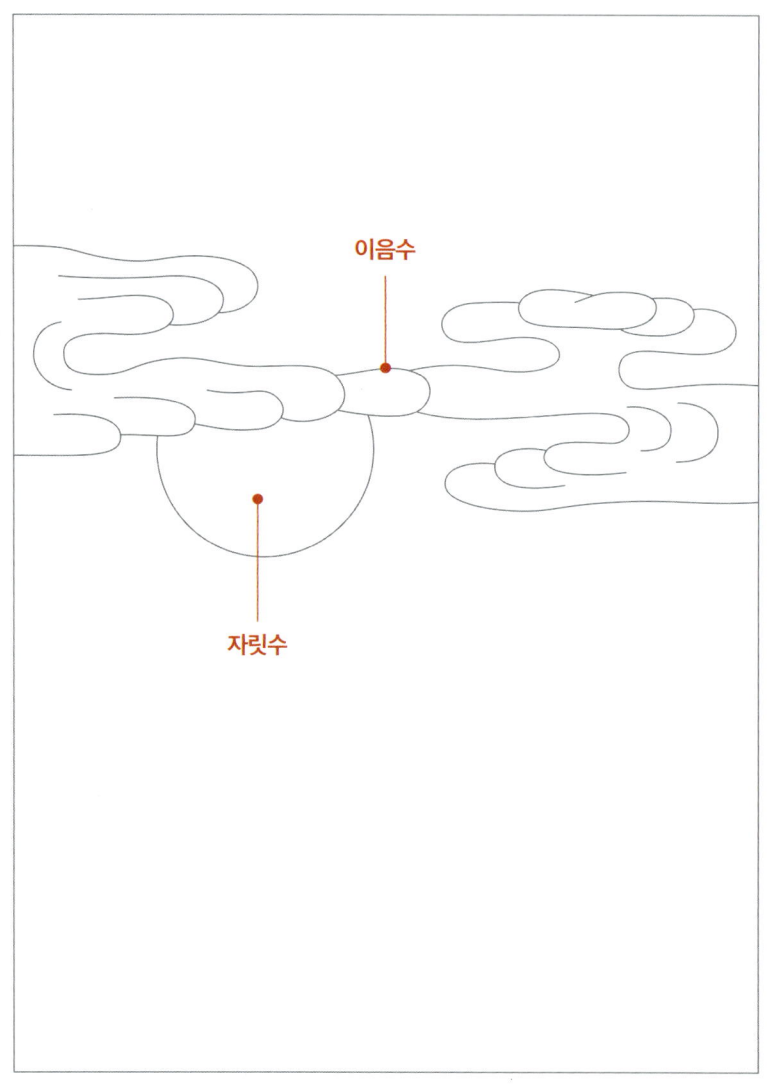

이음수

자릿수

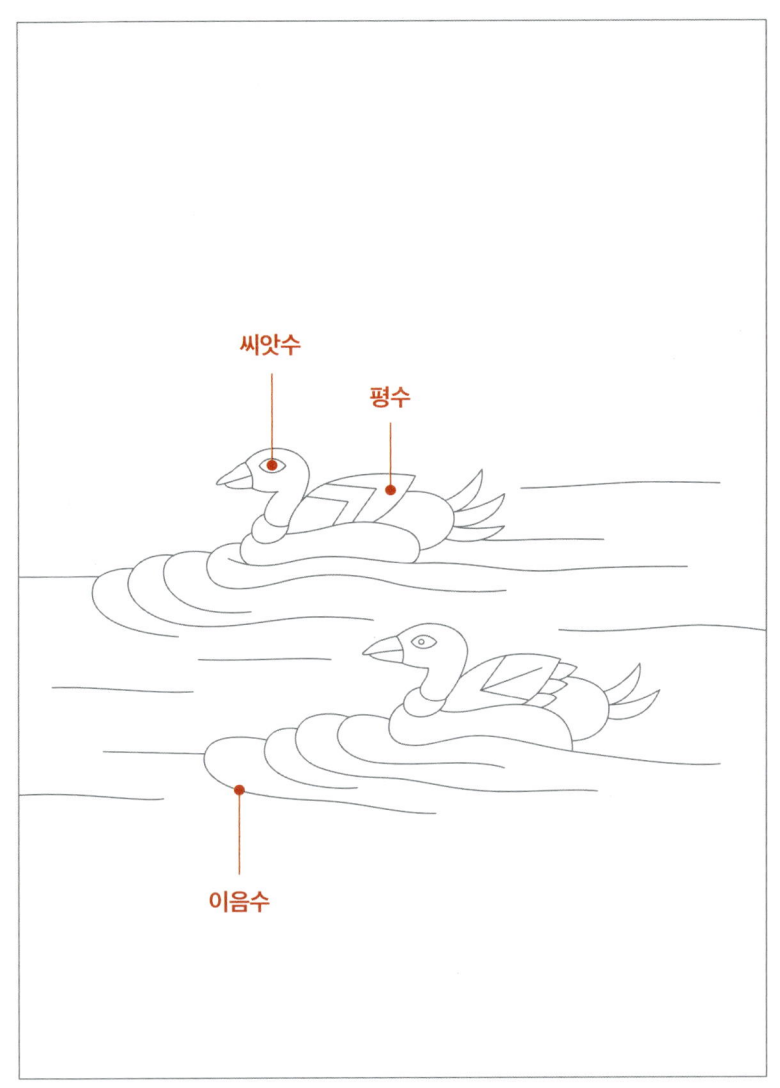

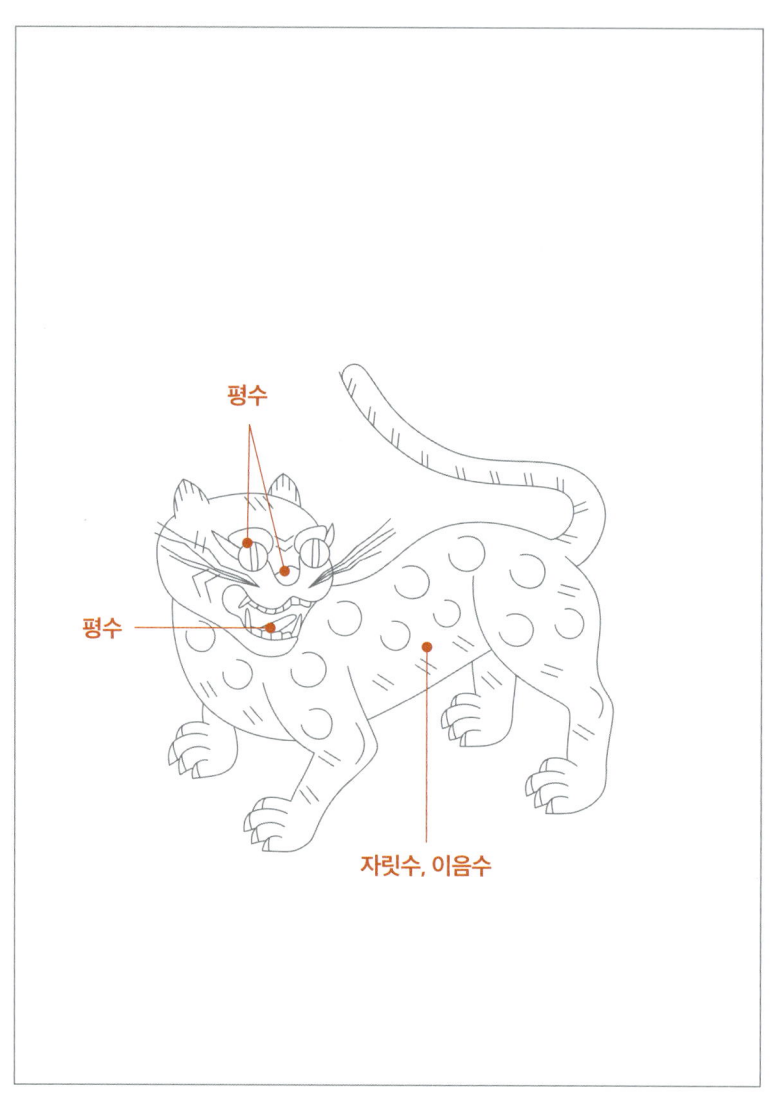

평수

평수

자릿수, 이음수

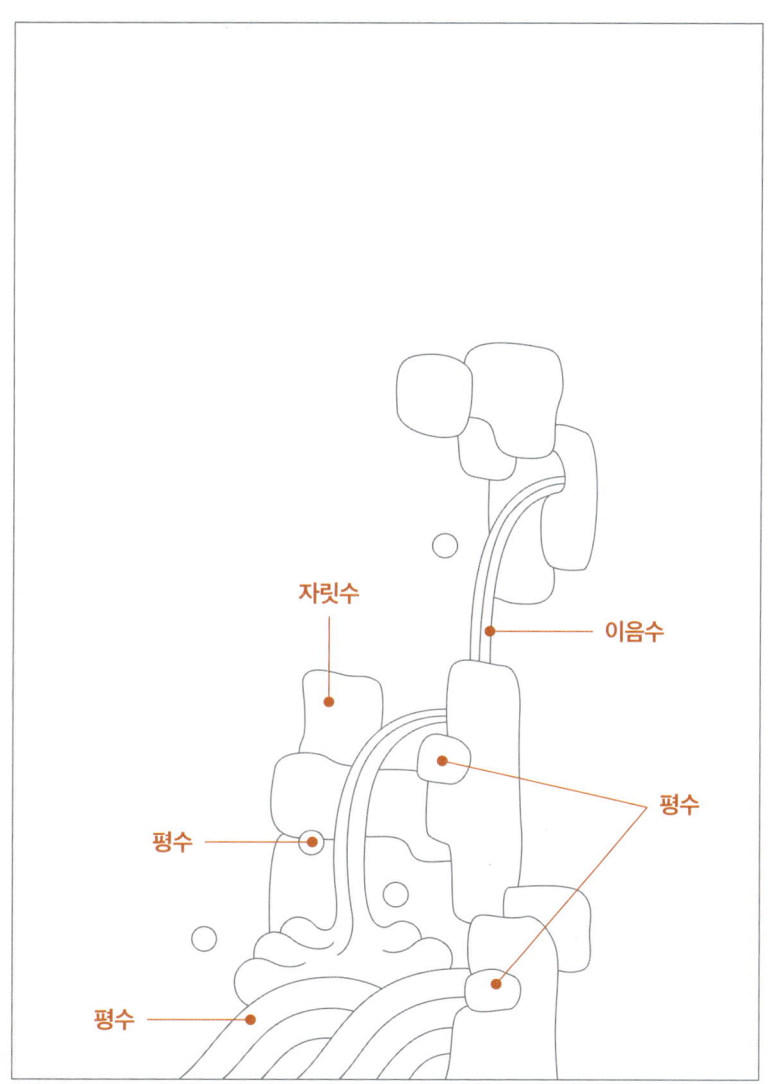

자릿수

이음수

평수

평수

평수

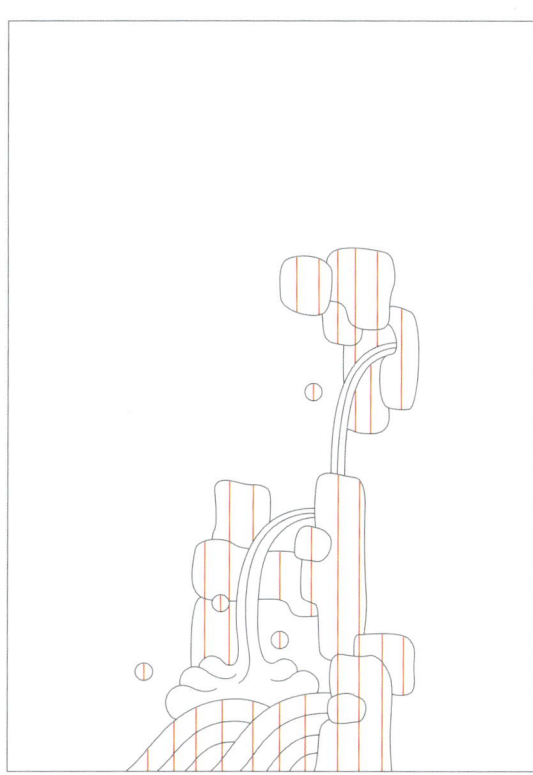

해와 구름

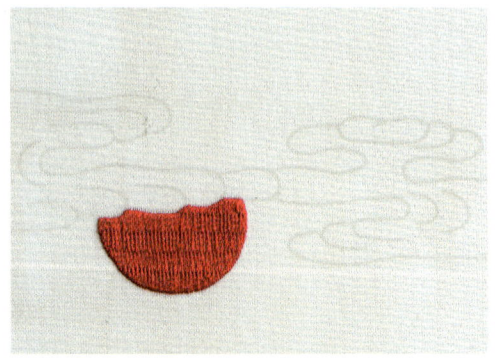 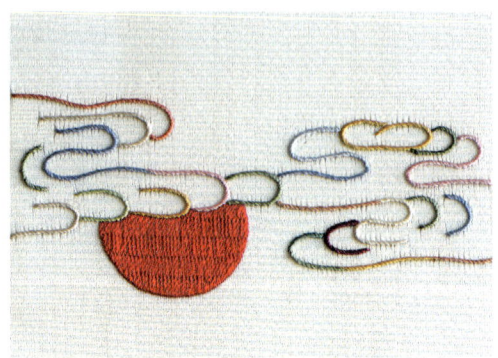

개별 도안 설명

해

자릿수로 면을 채운다.

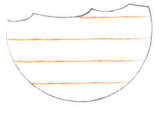

자릿수 층 구분선

구름

여러 가지 색의 이음수를 놓는다. 하나의 도안선에서 실의 색상을 바꿀 때는 먼저 놓은 이음수의 마지막 땀에 새로 시작하는 다른 색 땀을 겹치듯이 바로 이어서 놓는다(155쪽 참조).

이렇게도 놓을 수 있어요

- 이음수로 해의 테두리를 두른다.
- 흰색, 연노란색 등을 이용해 해가 아닌 달을 표현한다.
- 구름을 자릿수로 채운다.

원앙 한 쌍

원앙

① 면을 평수로 채운다. 부리 사이의 경계면은 띔수, 나머지 경계면은 모두 붙임수로 둔다.

② 눈을 씨앗수로 놓는다. 실을 감는 횟수는 3회로 한다. 바탕에 미리 채워진 평수에서 눈동자 위치에 있는 한 땀을 꼭 밟으면서 씨앗수를 놓는다. 평수의 땀을 제대로 밟지 않고 씨앗수를 놓으면 눈동자가 평수의 땀과 땀 사이에 숨어 들어 갈 수 있다.

③ 부채꼴 솔잎수를 활용하여 날개의 무늬를 장식한다. 바탕에 놓인 평수 사이에 새로 놓은 땀이 숨어 들어가지 않도록 바늘을 찌를 때마다 평수 한 땀을 밟는다.

평수 놓는 순서

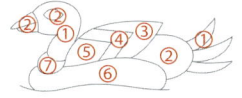 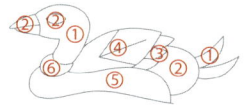

물결

여러 가지 색의 이음수를 놓는다.

이렇게도 놓을 수 있어요 ────────────────────○

• 물결을 단색으로 놓는다.
• 원앙의 테두리를 이음수로 두른다. 이음수를 놓을 곳은 모두 띔수로 둔다.

호랑이

몸통

① 자릿수로 면을 채운다. 자릿수를 놓다가 도안면이 좁아지거나 한 땀의 길이가 짧아지는 곳에서는 자연스럽게 평수를 놓는다. 나중에 이음수를 두를 둥근 무늬와 경계면 부분은 띔수로 둔다. 이음수 놓을 자리를 표시해 두는 정도이기 때문에 띔수의 선이 아주 정확하지 않아도 된다.

② 이음수로 무늬와 윤곽선을 놓는다.

③ 짧은 땀으로 몸과 꼬리의 직선 무늬와 발톱을 장식한다.

④ 가슴부터 배, 꼬리로 이어지는 면에 일정한 간격으로 4mm 정도의 짧은 땀을 놓아 털을 표현한다. 털의 방향은 몸통의 곡선에 따라 자연스레 바꾼다.

자릿수 층 구분선

이음수 테두리

얼굴 면

① 자릿수와 평수로 면을 채운다. 얼굴의 외곽선과 코의 U자 모양 선은 나중에 이음수를 두를 부분이므로 띔수로 둔다. 파란색 콧볼의 ∧자 경계면은 붙임수로 둔다.

② 이음수로 윤곽선을 놓는다. 테두리를 두를 때에는 이음수가 지나가는 자리에 맞닿아 있는 모든 면을 채운 다음 놓는다. 여기에서는 얼굴과 몸통의 면을 다 채운 후 마지막에 이음수를 두른다.

③ V자 모양과 직선의 짧은 땀으로 무늬를 장식한다.

자릿수 층 구분선

이음수 테두리

눈

① 눈알: 평수로 면을 채운다. 얼굴과의 경계면을 붙임수로 둔다.

② 눈두덩이: 평수로 면을 채운다. 모든 경계면을 붙임수로 둔다.

③ 눈동자: 눈의 중앙에 두 개의 직선 땀을 놓는다.

④ 눈썹: 일정한 간격으로 떨어진 직서 땀을 놓는다.

⑤ 눈꼬리: 부채꼴 솔잎수의 V자 모양을 활용하여 좁고 뾰족한 모양을 만든다.

눈썹 길이와 방향

입

① 혀를 평수로 채운다.

② 이빨을 평수로 채운다. 이빨을 하나씩 나눠서 채울 필요는 없고 이빨 전체를 통으로 연결된 하나의 면으로 생각한다. 혀와 만나는 부분은 붙임수, 입술 선과의 경계면은 모두 띔수로 둔다.

③ 이음수로 입술의 테두리를 두른다.

④ 짧은 직선 땀으로 이빨 사이사이를 나눈다.

수염

① 꼰사의 반 가닥만 뽑아 사용한다.

② 수염 한 올의 시작점과 끝점을 잇는 긴 한 땀을 느슨하게 놓는다.

③ 징금수와 같은 방식으로 긴 실의 중간중간을 점수로 고정한다.

① 느슨한 땀을 놓는다.

② 선이 꺾이는 곳에 점수를 놓는다.

③ 점수로 징금수를 놓듯 고정한다.

④ 완성된 수염

이렇게도 놓을 수 있어요 ————————

• 자릿수 대신 자련수로 넓은 면적을 채운다.

• 등, 꼬리 등 원하는 곳에 이음수 테두리를 추가한다.

• 갈색 대신 검은색을 사용하여 더 또렷한 느낌을 준다.

물과 바위

개별 도안 설명

바위

가장 작은 주황색 바위 두 개는 평수, 나머지는 자릿수로 면을 채운다. 경계면은 모두 띔수로 둔다. 띔수로 겹친 도안의 경계면을 둘 때는 어떤 면을 먼저 놓고 나중에 놓는지 크게 상관없다. 하지만 그림 상으로 가장 앞에 있는 문양, 즉 다른 문양에 가려지지 않은 온전한 문양부터 놓으면 외곽선을 정확하게 놓는 데에 도움이 된다.

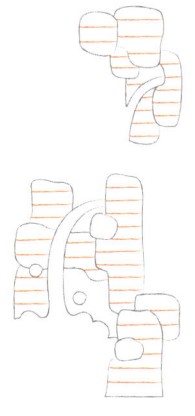

자릿수 층 구분선

물결

면을 평수로 채운다. 경계면은 띔수로 둔다.

폭포

① 물방울을 평수로 채운다.

② 이음수로 폭포 줄기를 놓는다. 양옆의 선을 먼저 놓고 가운데 선을 가장 마지막에 놓는다.

이렇게도 놓을 수 있어요

- 바위나 물결 테두리를 이음수로 두른다. 이음수를 놓을 곳은 모두 띔수로 둔다.
- 폭포를 평수나 자릿수로 채운다.
- 하나의 바위에 여러 가지 색을 섞어 자릿수를 놓는다.

174

길상문 (吉祥紋)

좋은 의미를 지닌 문양은 무엇이든 길상문 또는 길상문양이라고 할 수 있습니다. 복(福)이나 장수(長壽) 등의 소망을 식물이나 동물, 물건과 연관지어 특정 문양을 만들고, 그렇게 길(吉)한 문양을 가까이 두면서 좋은 기운을 받는 행위는 인간의 오래된 전통입니다. 옷이나 소품처럼 입고 만지는 일상품은 물론 규모가 큰 건축물에서도 길상문을 찾아볼 수 있습니다. 온전한 개별 문양과 복합 문양이 많이 사용되고, 문양의 일부나 대략적인 형태만 사용하는 경우도 있습니다. 또한 모든 문화권을 아우르는 문양도 있고 시대와 지리적 환경, 신분이나 종교에 따라 다르게 사용된 문양도 있습니다.

한국은 전통적으로 아시아의 유교, 불교문화권에서 공유하는 문양을 많이 사용합니다. 하지만 같은 문양이라도 한국 특유의 모양과 용도를 가지고 있는 경우가 많습니다. 불교와 도교, 민간신앙 등 여러 가지 의미가 한데 섞여 사용되기도 하고, 어떤 모양인지 정확히 알기 어려울 정도로 추상적이고 자유롭게 그려지기도 합니다. 특히 수로 놓을 때에는 재료와 색상, 기법 등 한국자수의 특징으로 인해 다른 나라의 문양과 더 쉽게 구별되기도 합니다. 수로 자주 표현되는 길상문을 몇 가지 살펴보면 보면 다음과 같습니다.

• **자연물** 해와 달, 구름, 물, 바위와 같은 자연은 변함이 없거나 꾸준히 움직이는 모습 때문에 불사(不死)와 불로장생(不老長生)의 의미를 가진다.

해와 구름

바위와 물

•**동물** 학과 거북이처럼 긴 수명을 가진 동물은 장생문(長生紋)으로 많이 쓰이고, 신선의 반려동물로 그려지는 사슴 또한 장생을 뜻한다. 박쥐는 한자로 '박쥐 복(蝠)' 자와 '복 복(福)' 자의 발음이 같기 때문에 복을 상징한다. 용이나 봉황 등 상상의 동물은 신분을 나타내거나 나쁜 기운을 물리치는 벽사의 의미로도 사용된다. 호랑이 역시 관료의 신분을 상징하기도 하고 벽사와 길상의 의미를 가지고 있다. 뿐만 아니라 호랑이는 풍자와 해학의 소재가 되기도 하는데, 특히 까치와 함께 그려질 때에는 보통 호랑이는 탐관오리를, 까치는 민초를 상징한다.

박쥐

호랑이

•**식물** 소나무는 대표적인 장생문이고 대나무와 짝을 이루는 경우가 많다. 부귀영화(富貴榮華)를 상징하는 모란은 길상문 중에 가장 사랑받는 꽃이고, 불교의 가르침을 상징하는 연꽃, 절개를 상징하는 매화도 많이 사용된다. 신선이 먹는다는 복숭아는 장수를 의미하고, 부처님 손을 닮은 불수감은 불교의 뜻을, 석류나 포도와 같이 알맹이가 한가득 열리는 열매는 다산(多産)과 다복(多福)을 상징한다. 영지버섯의 모양을 하고 있는 불로초(不老草)도 장생문에 빠지지 않는다.

모란

불수감

• **인공물** 자연에서 가져온 길상문이 대부분이지만 귀중한 물건이 문양으로 사용되는 경우도 있다. '칠보문(七寶紋)'이나 '팔보문(八寶紋)'은 상서로운 의미를 가진 특정 자연물과 인공물 일고여덟 가지를 꼽아놓은 것인데, 그중 동그란 엽전처럼 생긴 '전보(錢寶)'는 재물을 상징하며 단독으로도 많이 쓰인다. 그 밖에 마름모꼴 금종이 조각 모양의 '방승보(方勝寶)'와 청동거울 모양의 '경보(鏡寶)' 등이 있다.

전보

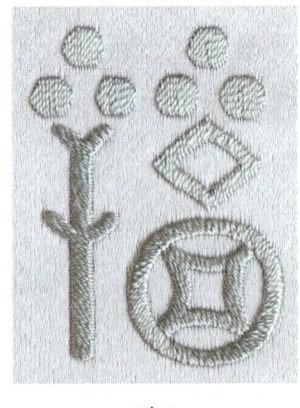

전보

방승보

• **문자** 좋은 뜻을 가진 글자나 글귀라면 어떤 것이든 문양처럼 사용할 수 있는데, 특별히 더 많이 쓰이는 글자와 짝을 이루는 글자들이 있다. 낱개의 문양처럼 사용되는 것 중에는 '목숨 수(壽)', '복 복(福)', '쌍희 희(囍)' 등이 있고, 건강과 안녕을 비는 '수복강녕(壽福康寧)' 네 글자는 단연 대표적인 문구다.

목숨 수

쌍희 희

수복강녕

작품 크기 105×148㎜

난이도 ●●○

작업기간 ●●○

카드 만드는 법 283쪽 참조

한가득 복을 담은
화병 카드

✸ **원   단** ─────────────────────
연분홍색 공단

✸ **실 색 상** ─────────────────────

✸ **기   법** ─────────────────────
평수, 가름수, 이음수, 자릿수, 씨앗수

✸ **기본 순서** ─────────────────────
1. 평수와 가름수로 큰 모란꽃을 제외한 면을 채운다.
2. 자릿수로 모란꽃을 채운다.
3. 이음수로 줄기와 잎맥, 박쥐의 수염, 전체적인 테두리를 놓는다.
4. 씨앗수로 박쥐의 눈을 놓는다.
5. 박쥐의 날개와 연잎의 무늬, 원수문(圓壽文, 한자 '목숨 수'를 원형으로 그린 문양)을 만든다.

도안

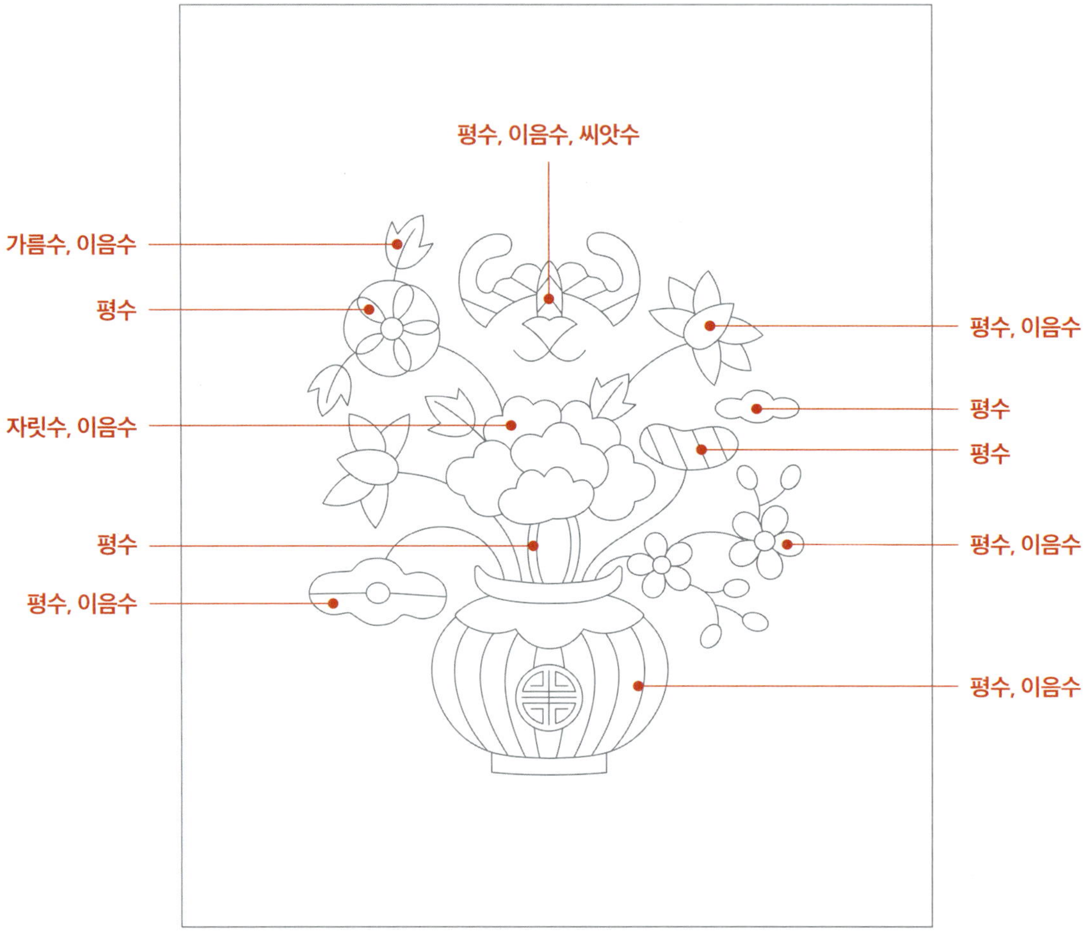

평수, 이음수, 씨앗수

가름수, 이음수

평수

자릿수, 이음수

평수

평수, 이음수

평수, 이음수

평수

평수

평수, 이음수

평수, 이음수

개별 도안 설명

오얏꽃

① 꽃의 면을 평수로 채운다. 경계면은 띔수로 둔다.

② 나뭇잎을 가름수로 채운 후 이음수로 줄기를 놓는다.

매화

① 면을 평수로 채운다. 가운데 동그란 경계면만 띔수로 둔다.

② 꽃술 테두리와 줄기를 이음수로 놓는다.

연꽃

① 면을 평수로 채운다. 경계면은 띔수로 둔다.

② 테두리를 이음수로 두른다.

구름

두 가지 색으로 평수를 놓는다.

두 색이 한 땀씩 섞이는 부분 놓는 방법 두 가지

① 빨간색 땀을 놓을 때 노란색 한 땀 자리를 비워둔다.

② 비워둔 자리에 노란색 땀을 끼워 넣는다.

③ 나머지 면을 채운다.

① 빨간색 한 땀을 두고 근처에 바늘을 빼놓는다.

② 빨간색 땀의 양옆부터 노란색 땀을 채운다.

③ 바늘을 뺀 곳에서 점수를 두고 나머지 면을 채운다.

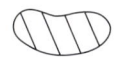

연잎 1

① 면을 평수로 채운다.

② 직선 무늬를 한 땀씩 놓는다.

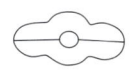

연잎 2

① 면을 평수로 채운다. 가운데 동그란 경계면만 띔수로 둔다.

② 동그란 테두리를 이음수로 놓는다.

③ 직선 무늬를 한 땀씩 놓는다.

박쥐

① 면을 평수로 채운다. 경계면은 띔수로 둔다.

② 수염을 이음수로 놓는다.

③ 눈을 씨앗수로 놓는다.

④ 날개에 두 가지 색으로 직선 무늬를 놓고, 몸통의 V자 무늬를 놓는다.

모란꽃

① 꽃을 자릿수로 채운다. 경계면은 모두 띔수로 둔다.

② 나뭇가지를 두 가지 색의 평수로 놓는다.

③ 나뭇잎을 가름수로 놓은 후 이음수로 줄기를 놓는다.

④ 꽃의 테두리를 이음수로 놓는다.

자릿수 층 구분선

화병

① 면을 평수로 채운다. 경계면은 띔수로 둔다.

* 화병 밑동에는 두 가지 색이 섞인 실이 사용되었다. 꼰사에서 각각의 색을 반가닥씩 뽑아 한꺼번에 바늘에 끼워 사용하며, 땀을 놓을 때마다 손으로 실에 꼬임을 준다. 직접 2색사를 만들거나 시중에 판매되는 것을 사용해도 되고, 단색을 사용해도 된다.

② 필요한 부분의 경계면을 이음수로 놓는다.

③ 솔잎수의 +자, V자 놓는 법을 활용하여 원수문(圓壽文)을 만든다.

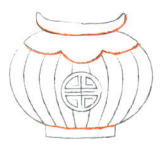

이음수 테두리

직선 땀으로 원수문 그리는 방법

① +자 선을 놓고 점수로 고정한다.

② 가로선을 놓고 점수로 고정한다.

③ V자선 두 개로 모양을 만든다.

④ 나머지 부분도 같은 방법으로 채운다.

이렇게도 놓을 수 있어요 ────────○

• 화병이나 박쥐 등 원하는 곳에 이음수 테두리를 더 두른다.

• 모란꽃을 느낌수나 자련수로 놓는다.

• 금사 징금수로 테두리를 두른다.

앞서 놓은 땀에 비해 나중에 놓은 땀이 힘없이 부스스하게 보일 때가 있습니다. 꼰사를 다룰 때는 실의 꼬임을 유지하는 것이 중요합니다. 하지만 계속해서 수를 놓다 보면 자연스레 꼬임이 풀어지면서 꼰사가 반푼사가 되고 반푼사가 푼사가 되는 경우가 생깁니다. 실을 다시 꼴 수도 있지만 완전히 풀어지기 전에 미리 관리하는 것이 더 중요합니다. 수를 놓다가 실이 약간 풀어졌을 때는 꼬인 방향으로 몇 번 돌려주는 것만으로도 충분합니다. 실이 두 갈래로 갈라질 만큼 꼬임이 아예 없어진 상태라면 수를 마무리하고 새로운 실로 바꾸는 것이 좋습니다.

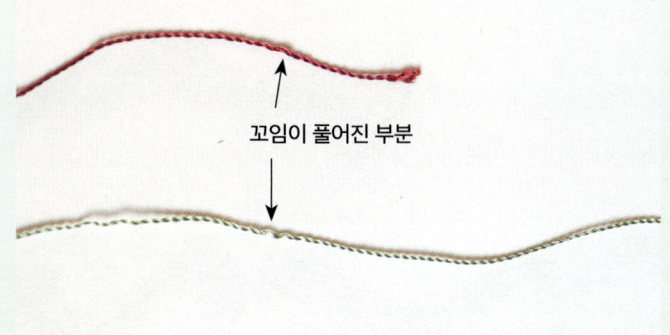

꼬임이 풀어진 부분

실을 관리하는 것만큼 손을 관리하는 것도 중요합니다. 먼저 손을 깨끗이 해야 합니다. 밝은 실이나 원단에 손때가 탈 때도 있지만 오히려 실 때문에 손이 더러워질 때도 많습니다. 실을 염색하고 가공하는 단계에서 사용된 화학물질, 실에 붙어 있는 미세한 먼지, 손에서 나는 땀으로 인해 손이 끈적해지고 지저분해집니다. 그러니 수를 놓을 때나 실을 정리할 때도 틈틈이 손을 잘 씻어서 재료와 수를 깨끗하게 유지합니다. 그리고 실올이 손톱이나 거스러미에 걸려서 실이 헝클어지거나 수에 보풀이 생기는 것도 조심해야 합니다. 평소에 실을 부드럽게 다루는 습관을 들이고 손이 너무 건조하거나 거칠어지지 않게 신경쓰도록 합시다. 만일 수를 놓기 전에 손에 크림을 바른다면 충분히 흡수된 후에 바늘을 잡도록 합시다. 그렇지 않으면 바늘이 미끄러지기 쉽고 실과 원단에 얼룩이 생길 수도 있습니다.

작품 크기 99×210㎜

난이도 ●◐○

작업기간 ●●○

카드 만드는 법 283쪽 참조

✖✖✖✖ **4** ✖✖✖✖

재미있는 이야기가 담긴
까치와 호랑이 카드

❋ **원　　단** ─────────────
옥색 모란문단

❋ **실 색 상** ─────────────

❋ **기　　법** ─────────────
평수, 이음수, 자릿수, 솔잎수, 씨앗수

❋ **기본 순서** ─────────────
1. 평수와 자릿수로 면을 채운다.
2. V자와 짧은 땀으로 호랑이와 나무의 무늬, 나무의 테두리를 놓는다.
3. 솔잎수와 씨앗수로 솔잎과 솔방울을 놓는다.
4. 이음수로 호랑이와 까치의 테두리를 두른다.
5. 호랑이와 까치의 세부 장식을 더한다.

도안

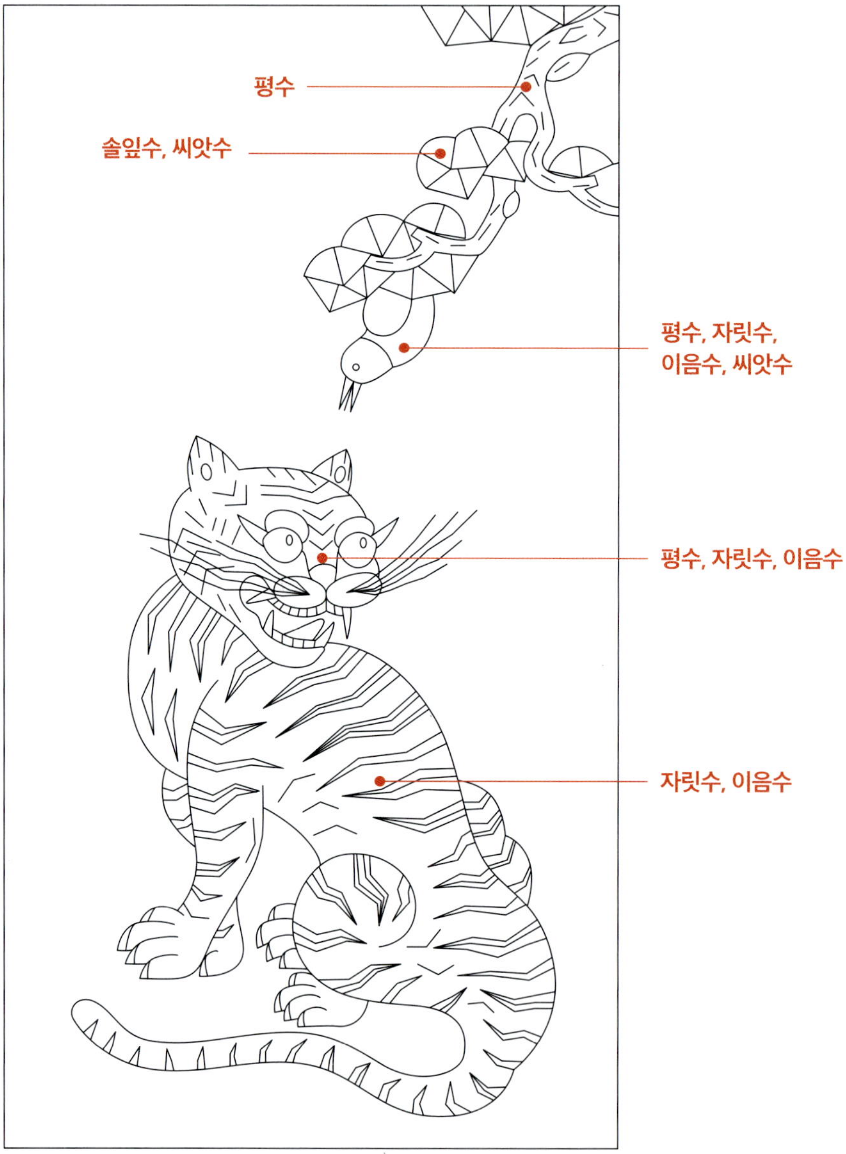
평수
솔잎수, 씨앗수
평수, 자릿수,
이음수, 씨앗수
평수, 자릿수, 이음수
자릿수, 이음수

개별 도안 설명

* 169~172쪽의 호랑이 도안 설명도 함께 참고하거나 비교해봅시다.

호랑이 몸통

① 자릿수로 면을 채운다. 면적이 좁은 부분은 자연스럽게 평수로 놓고, 이음수를 두를 부분은 띔수로 둔다.

자릿수 층 구분선

이음수 테두리

② 발톱을 평수로 채운다.

③ 다음 그림과 같이 꺾은 선과 V자, 직선 모양을 이용하여 무늬를 만든다.

① 느슨한 땀을 놓는다.

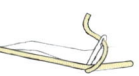

② V자를 만들듯이 점수로 꺾은 점을 고정한다.

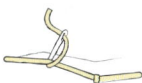

③ 선이 꺾이는 곳마다 점수를 놓는다.

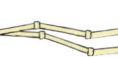

④ 동일한 방식으로 나머지 선을 만든다.

④ 이음수로 테두리를 두른다.

⑤ 가슴과 배, 꼬리로 이어지는 면에 4mm 정도 길이의 땀을 일정한 간격으로 놓아 털을 표현한다.

호랑이 얼굴

① 자릿수와 평수로 얼굴면을 채운다. 귀의 동그란 부분은 붙임수로 두고, 나머지 이음수를 두를 부분은 띔수로 둔다.

자릿수 층 구분선   이음수 테두리

② 눈과 눈두덩이, 코끝, 이빨, 혀를 평수로 채운다. 눈동자는 붙임수로 두고, 나머지는 띔수로 둔다.

③ V자 모양과 직선의 짧은 땀으로 무늬를 장식한다.

④ 이음수로 테두리를 두른다.

⑤ 직선의 짧은 땀으로 눈썹과 이빨, 인중의 무늬를 놓는다.

⑥ V자 모양을 활용하여 뾰족한 눈꼬리를 만든다.

⑦ 꼰사 반 가닥으로 수염을 놓는다(172쪽, 191쪽 참조).

소나무

① 평수로 면을 채운다. 테두리를 두를 곳은 띔수로 둔다.

② V자와 직선 땀을 이용하여 나무껍질 무늬와 테두리를 놓는다.

③ 부채꼴 솔잎수로 솔잎을 놓는다.

④ 씨앗수로 솔방울 장식을 얹는다.

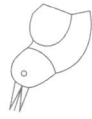

까치

① 날개와 몸통을 자릿수로 채운다. 이음수를 놓을 곳은 띔수로 둔다.

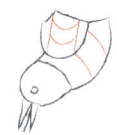

자릿수 층 구분선

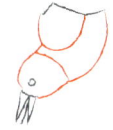

이음수 테두리

② 머리와 부리를 평수로 놓고, 부리와 머리 사이의 경계는 붙임수로 둔다.

③ 이음수로 테두리를 두른다.

④ 직선 땀으로 혀를 놓는다.

⑤ 직선 땀 두어 개와 씨앗수로 눈을 놓는다.

이렇게도 놓을 수 있어요

• 자릿수 대신 자련수를 놓는다.
• 호랑이의 색이나 무늬를 다르게 한다.

작품 크기 105×148mm/폭

난이도 ●◐○

작업기간 ●●○

병풍 만드는 법 287쪽 참조

무병장수를 바라는
장생문 4폭 병풍

◈ **원　단** ─────────────────
빨간색, 옥색, 파란색, 연황색 공단

◈ **실 색상** ─────────────────

◈ **기　법** ─────────────────
평수, 가름수, 솔잎수, 자릿수, 이음수, 씨앗수, 귀갑수

◈ **기본 순서** ─────────────────
1. 평수와 가름수, 자릿수로 면을 채운다.
2. 이음수로 줄기와 테두리를 놓는다. 여러 도안의 경계면이 겹친 곳의
   테두리를 두를 때는 항상 모든 도안의 면을 먼저 채운 후 마지막에 테
   두리를 두른다.
3. 이음수로 학의 다리, 거북의 입김, 대나무 줄기, 테두리를 놓는다.
4. 씨앗수로 솔방울과 동물의 눈, 바위와 대나무 잎 장식을 놓는다.
5. 귀갑수로 거북의 등에 무늬를 만든다.
6. V자와 짧은 땀으로 소나무 껍질과 학의 발톱, 불로초를 장식한다.

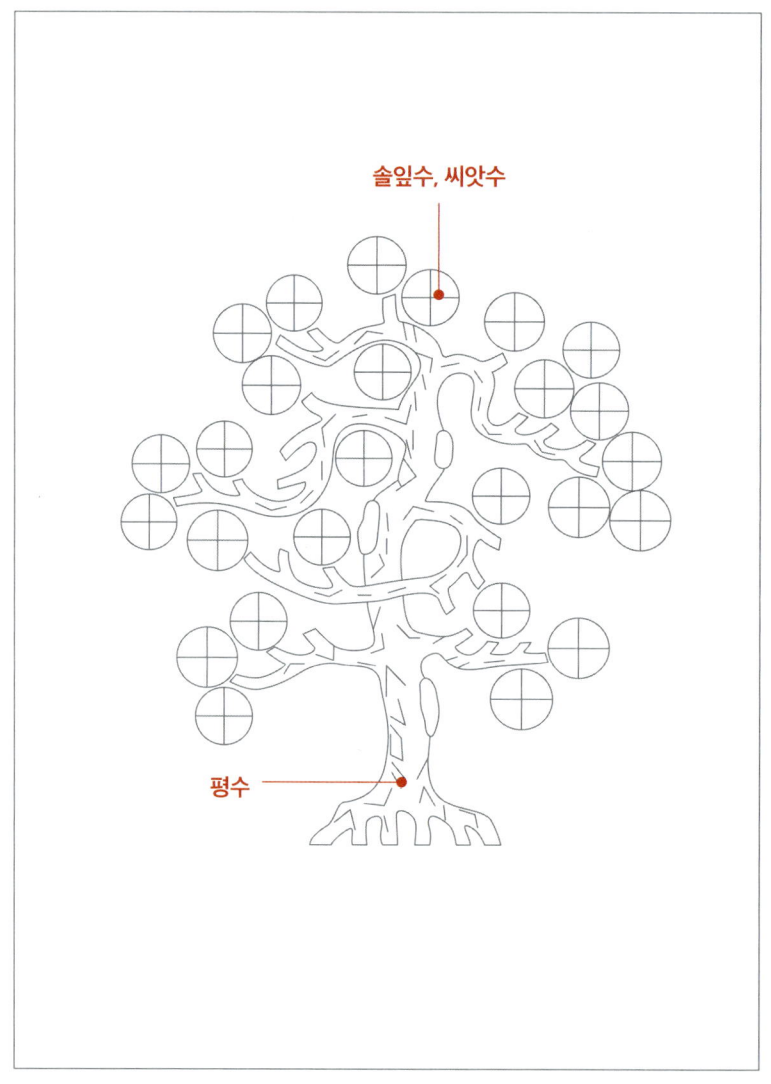

솔잎수, 씨앗수

평수

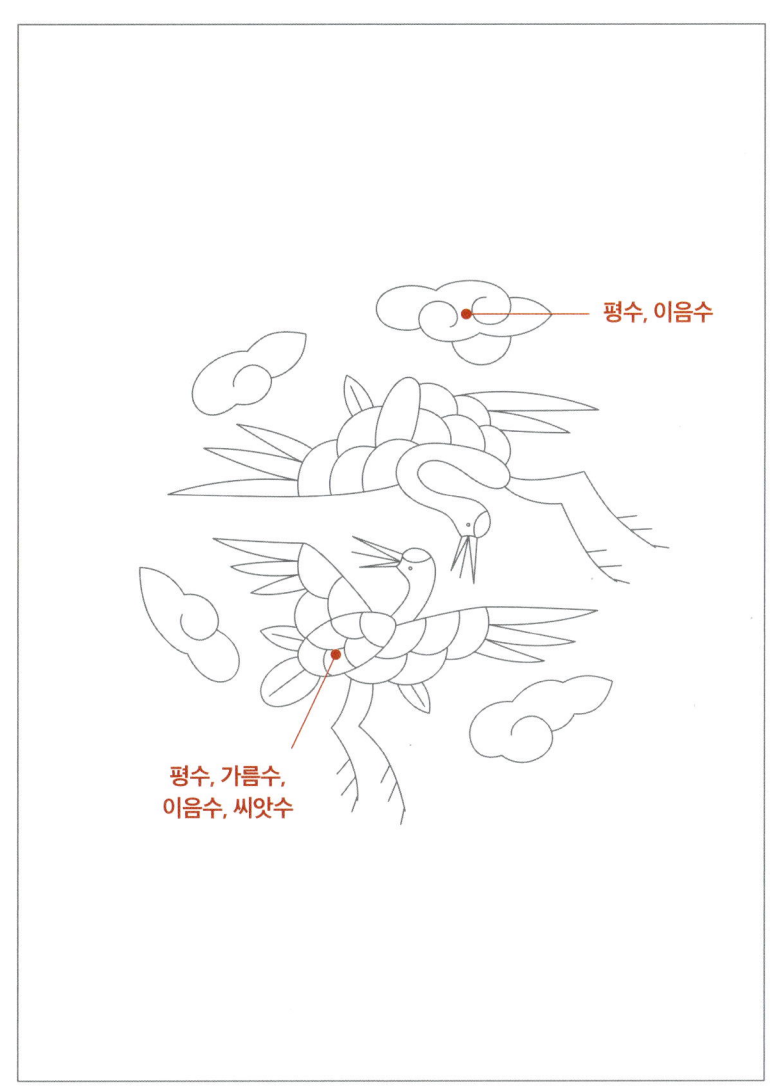

평수, 이음수

평수, 가름수,
이음수, 씨앗수

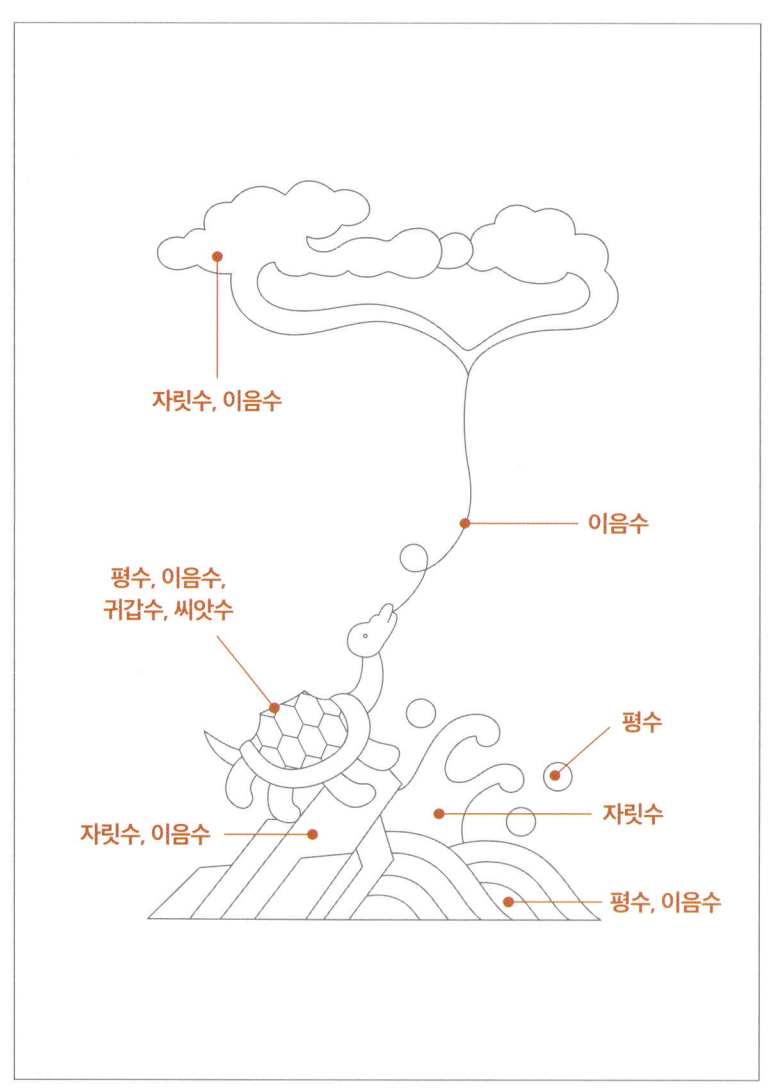

자릿수, 이음수

이음수

평수, 이음수,
귀갑수, 씨앗수

평수

자릿수, 이음수

자릿수

평수, 이음수

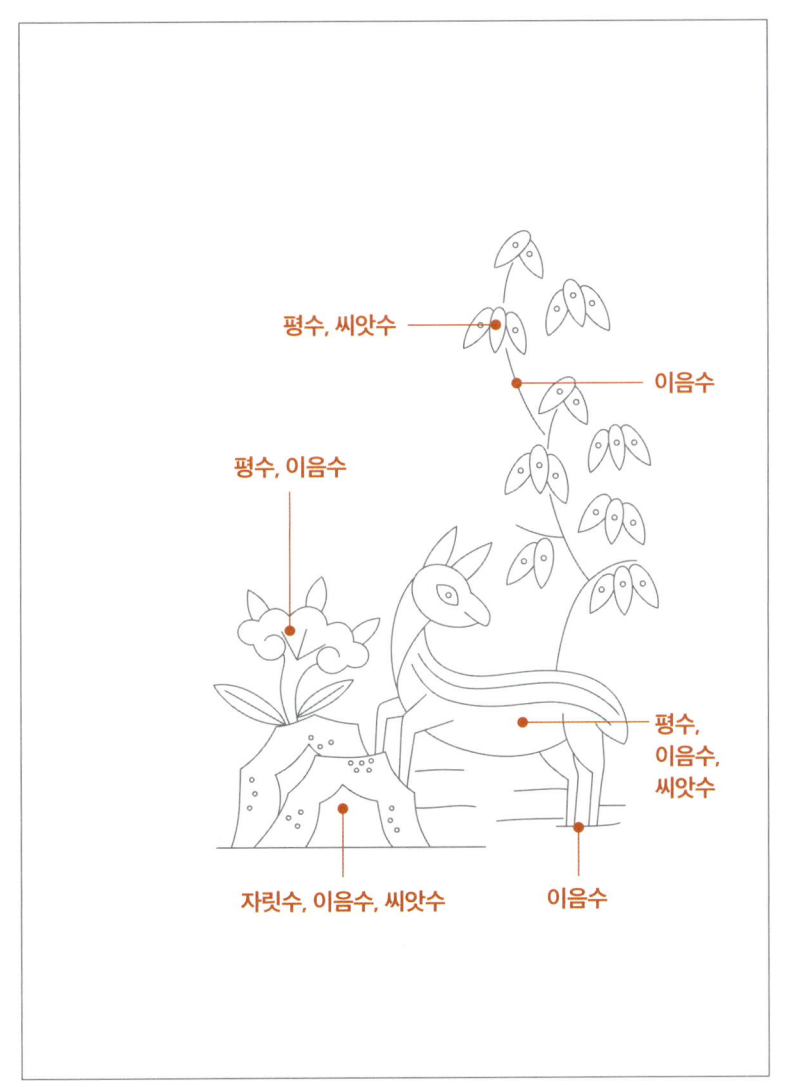

평수, 씨앗수

이음수

평수, 이음수

평수,
이음수,
씨앗수

자릿수, 이음수, 씨앗수

이음수

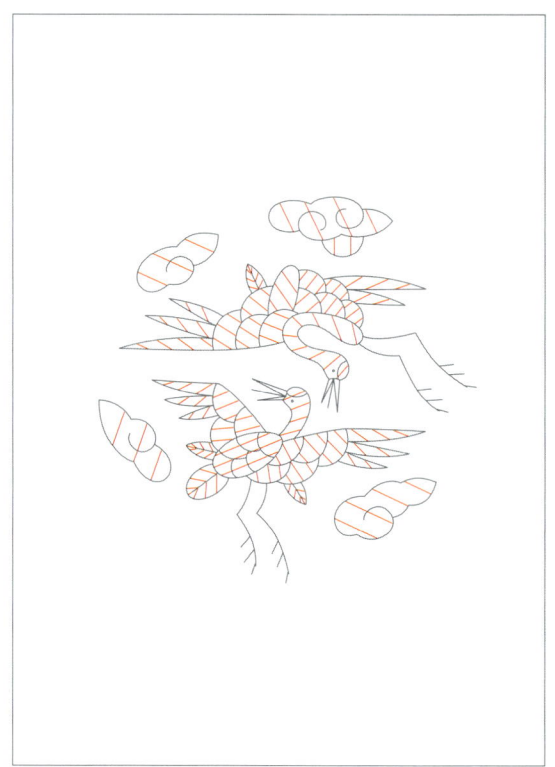

소나무

개별 도안 설명

나무

① 평수로 면을 채운다. 나뭇가지가 겹치는 곳과 옹이는 붙임수로 두고, 이때 그림에서 더 앞으로 튀어나와 있는 부분을 나중에 둔다.

② V자와 직선 땀 등을 활용하여 나무껍질 무늬를 만든다.

솔잎

① 원형 솔잎수로 솔잎을 놓는다.

② 씨앗수로 솔방울을 놓는다.

학과 구름

개별 도안 설명

구름, 달

① 평수로 면을 채운다(183쪽 참조). 테두리를 두를 곳은 모두 띔수로 둔다.

② 이음수로 테두리를 놓는다.

학

① 면을 평수와 가름수로 채운다. 모든 경계면은 띔수로 둔다.

② 이음수로 다리와 테두리를 두른다.

③ 짧은 땀으로 부리와 혀, 발톱, 가름수로 놓은 깃털의 선을 놓는다.

④ V자 놓는 법을 활용하여 목 안쪽에 장식선을 더한다.

⑤ 학의 머리와 눈을 씨앗수로 놓는다.

이음수 테두리

V자와 직선으로 놓는 부분

거북과 바위, 물결

개별 도안 설명

바위
① 자릿수로 면을 채운다.
② 이음수로 테두리를 놓는다.

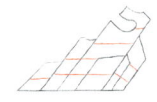
자릿수 층 구분선

물결
① 면을 평수로 채운다. 모든 경계면은 띔수로 둔다.
② 이음수로 테두리를 두른다.

파도
파도는 자릿수, 물방울은 평수로 면을 채운다.

자릿수 층 구분선

구름

① 자릿수와 평수로 면을 채운다. 경계면은 띔수로 둔다.

② 이음수로 테두리를 놓는다.

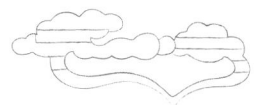

자릿수 층 구분선

거북

① 면을 평수로 채운다. 모든 경계면은 띔수로 둔다.

② 이음수로 테두리와 입김을 놓는다.

③ 눈을 씨앗수로 놓는다.

④ 귀갑수로 귀갑무늬를 만든다.

이음수로 입김 놓는 순서 두 가지

① 교차점까지 놓는다.

② 띔수처럼 간격을 둔다.

③ 교차점을 지나간다.

① 중간에 끊지 않고 놓는다.

② 교차점에서 마무리한다.

③ 나머지 선을 놓는다.

사슴과 불로초

개별 도안 설명

대나무

① 평수로 면을 채운다. 경계면은 띔수로 둔다.

② 이음수로 줄기를 놓는다.

③ 씨앗수로 잎을 장식한다.

불로초

① 면을 평수로 채운다. 경계면은 띔수로 둔다.

② 이음수로 불로초 머리 부분의 테두리를 두른다.

③ V자와 직선 땀으로 불로초와 잎을 장식한다.

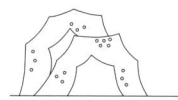

바위

① 평수로 면을 채운다. 경계면은 띔수로 둔다.

② 이음수로 테두리를 놓는다.

③ 씨앗수로 바위의 이끼 무늬를 놓는다.

사슴

① 면을 평수로 채운다. 눈은 붙임수, 나머지 경계면은 모두 띔수로 둔다.

② 이음수로 테두리와 등의 줄무늬, 땅의 선을 놓는다.

③ 눈을 씨앗수로 놓는다.

장생문 (長生紋)

전통문양 하나하나가 상징하는 의미와 그 안에 담긴 이야기는 다 달라도 모두 누군가의 소원과 희망을 담고 있다는 점은 같을 것입니다. 불로장생(不老長生)과 무병장수(無病長壽)는 인간의 오래된 바람입니다. 장생문은 모두 자연에서 유래되었고 도교의 신선사상(神仙事相)과 관련이 많습니다. 장생문으로는 해와 구름과 같은 자연물, 학과 거북 등의 동물, 소나무와 불로초 등의 식물이 있습니다. 한국에서는 특히 '십장생(十長生)'이라고 하여 열 가지 장생문을 꼽아 '십장생도(十長生圖)'를 그리기도 합니다. 실제로 대표적인 열 가지 문양만 쓸 때도 있지만 반드시 열 개여야만 하는 것은 아니고 때에 따라 늘리거나 줄일 수 있습니다. 장생문이 사랑받아온 모습을 보면 단순히 오래 살고 싶다는 마음을 넘어 지금 살아가는 삶에 대한 감사, 그리고 영원할 수 없는 삶에 대한 아쉬움이 모두 담겨 있는 것 같습니다.

장생문 병풍

장생문의 종류와 의미

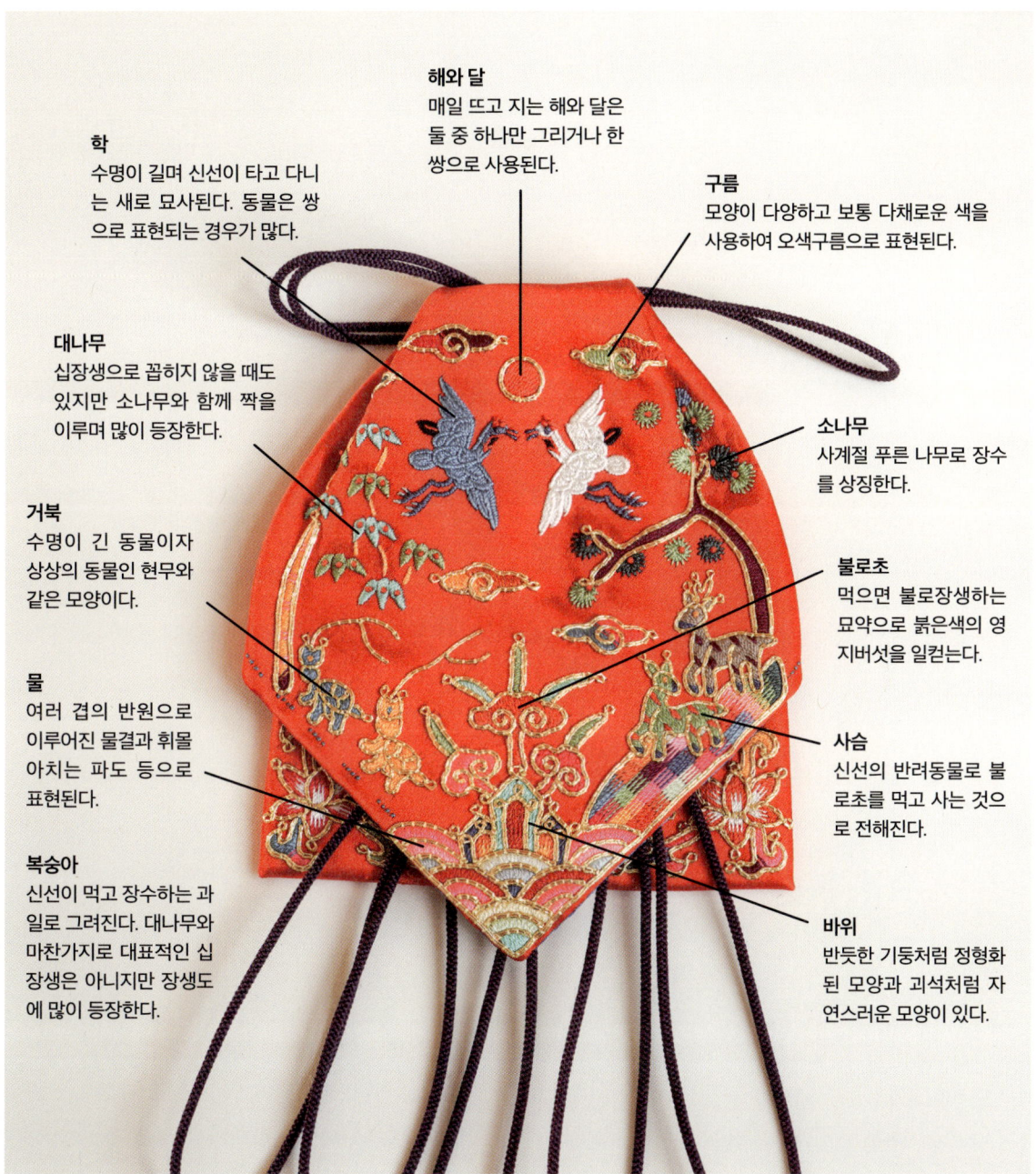

해와 달
매일 뜨고 지는 해와 달은 둘 중 하나만 그리거나 한 쌍으로 사용된다.

학
수명이 길며 신선이 타고 다니는 새로 묘사된다. 동물은 쌍으로 표현되는 경우가 많다.

구름
모양이 다양하고 보통 다채로운 색을 사용하여 오색구름으로 표현된다.

대나무
십장생으로 꼽히지 않을 때도 있지만 소나무와 함께 짝을 이루며 많이 등장한다.

소나무
사계절 푸른 나무로 장수를 상징한다.

거북
수명이 긴 동물이자 상상의 동물인 현무와 같은 모양이다.

불로초
먹으면 불로장생하는 묘약으로 붉은색의 영지버섯을 일컫는다.

물
여러 겹의 반원으로 이루어진 물결과 휘몰아치는 파도 등으로 표현된다.

사슴
신선의 반려동물로 불로초를 먹고 사는 것으로 전해진다.

복숭아
신선이 먹고 장수하는 과일로 그려진다. 대나무와 마찬가지로 대표적인 십장생은 아니지만 장생도에 많이 등장한다.

바위
반듯한 기둥처럼 정형화된 모양과 괴석처럼 자연스러운 모양이 있다.

장생문 약주머니

작품 크기 148×210mm

난이도 ●●●

작업기간 ●●○

엽서 만드는 법 279쪽 참조

6

궁중 약주머니를 장식한
십장생도 엽서

❋ **원   단**

빨간색 공단

❋ **실 색 상**

❋ **기   법**

평수, 자릿수, 솔잎수, 이음수, 씨앗수

❋ **기본 순서**

1. 평수와 자릿수로 면을 채운다.
2. 솔잎수로 솔잎을 놓는다.
3. 이음수로 대나무 줄기, 학의 다리, 거북의 입김, 사슴의 뿔, 문양의 테
   두리를 놓는다.
4. 씨앗수로 학의 머리, 모든 동물의 눈, 대나무와 소나무 장식을 놓는다.
5. 짧은 땀으로 대나무 마디와 학의 부리와 혀, 발톱을 만든다.

도안

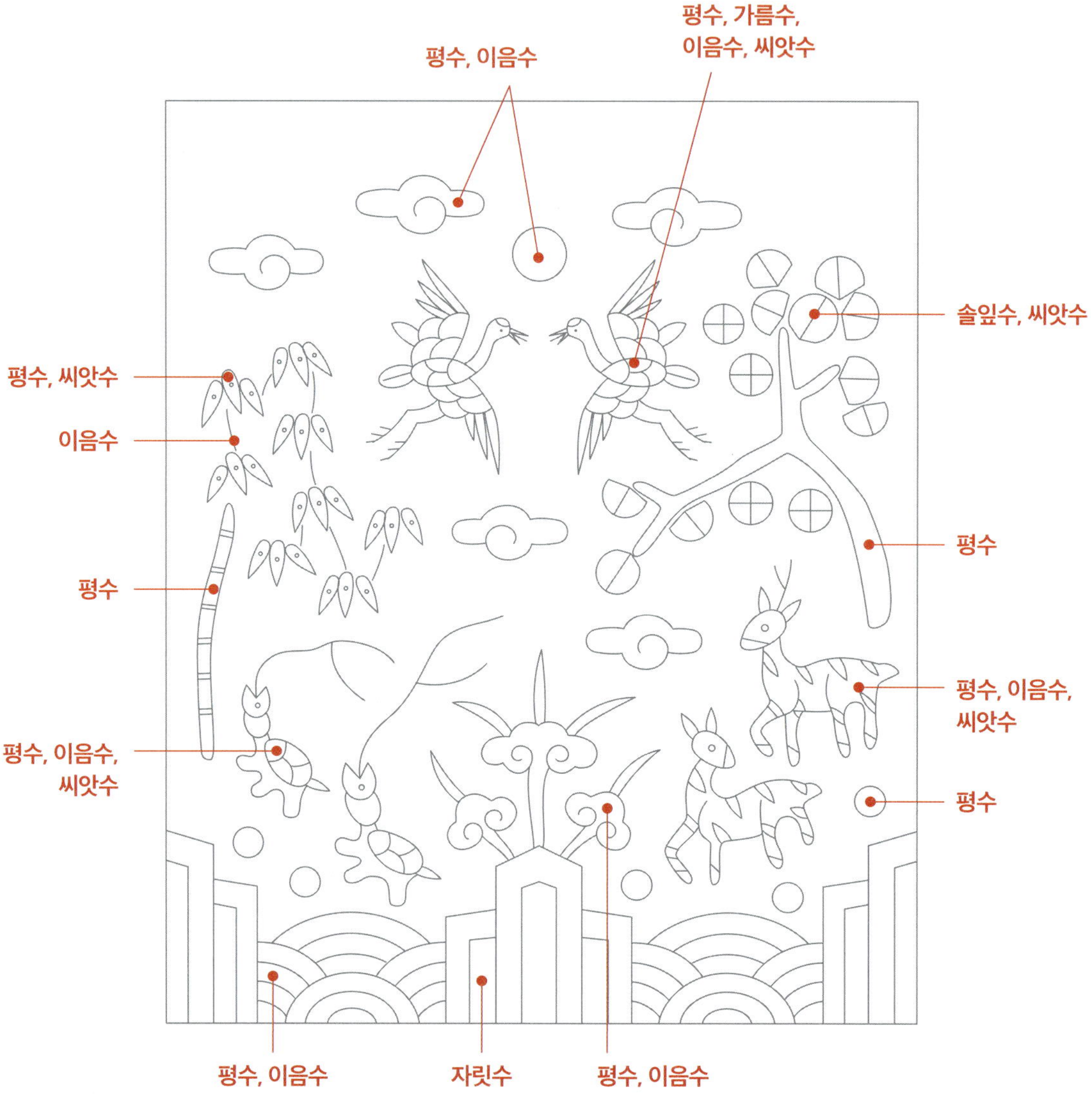
평수, 이음수
평수, 가름수,
이음수, 씨앗수
솔잎수, 씨앗수
평수, 씨앗수
이음수
평수
평수
평수, 이음수,
씨앗수
평수, 이음수,
씨앗수
평수
평수, 이음수
자릿수
평수, 이음수

개별 도안 설명

바위

면을 여러 층으로 나눈 뒤 평수로 채운다. 경계면은 붙임수로 둔다.

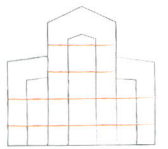

평수 층 구분선

물결

① 면을 평수로 채운다. 모든 경계면을 띔수로 둔다.

② 이음수로 테두리를 두른다.

구름

① 평수로 면을 채운다(183쪽 참조). 구름 안쪽의 테두리를 띔수로 둔다.

② 테두리를 이음수로 두른다.

해

① 평수로 면을 채운다.

② 테두리를 이음수로 두른다.

불로초

① 면을 평수로 채운다. 테두리 선을 띔수로 둔다.

② 테두리를 이음수로 두른다

학

① 면을 평수로 채운다. 테두리 선을 띔수로 둔다.

② 다리와 테두리를 이음수로 놓는다.

③ 머리와 눈을 씨앗수로 놓는다.

④ 짧은 땀으로 부리, 혀, 발톱, 꽁지깃 중심선을 만든다.

이음수 테두리

거북

① 면을 평수로 채운다. 테두리 선을 띔수로 둔다.

② 입김과 테두리를 이음수로 놓는다.

③ 눈을 씨앗수로 놓는다.

이음수 테두리

사슴

① 몸통의 무늬를 제외한 면을 평수로 채운다. 테두리 선은 띔수로 둔다.

② 무늬를 평수로 채운다. 테두리 선과 만나는 곳은 띔수로 두고, 그렇지 않은 곳은 붙임수로 둔다.

③ 눈은 씨앗수, 뿔은 이음수로 놓는다.

대나무

① 면을 평수로 채운다. 경계면은 띔수로 둔다.

② 줄기를 이음수로 놓는다.

③ 씨앗수로 잎을 장식한다.

④ 짧은 땀으로 나무의 마디를 장식한다.

소나무

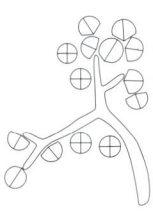

① 면을 평수로 채운다.

② 원형, 부채꼴 솔잎수로 솔잎을 놓는다.

③ 씨앗수로 솔방울 장식을 올린다.

이렇게도 놓을 수 있어요

- 솔잎을 한 가지 모양으로 통일하거나 개수를 다르게 한다.
- 바위를 자릿수로 놓는다.
- 금사 징금수로 테두리를 두른다.

금사를 사용한 십장생도

216

오랜 시간 동안 작고 정교한 작업을 하다 보면 눈이 침침해지곤 합니다. 눈의 피로를 덜기 위해서는 자연광이나 조명을 사용하여 도안과 바늘 끝이 잘 보이는 환경을 만들어야 합니다. 그리고 상체나 손 때문에 수틀 위에 그림자가 생기지는 않는 자리를 찾아야 합니다. 아무리 좋은 작업 환경 속에 있더라도 빨간색처럼 강렬한 색이나 비단처럼 광택이 많은 원단을 계속 바라보고 있으면 눈이 금세 시큰해집니다. 수를 놓는 틈틈이 수틀에서 눈을 떼고 먼 곳을 보거나 눈을 감는 등 눈 건강에도 신경을 써주도록 합시다.

작품 크기 99×210㎜/폭

난이도 ●●○

작업기간 ●●○

병풍 만드는 법 287쪽 참조

7

손끝에서 맺히는
꽃과 열매 6폭 병풍

✿ 원　　단
녹색 운문단

✿ 실 색 상

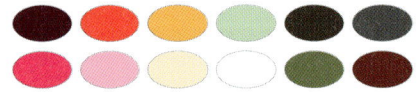

✿ 기　　법
평수, 가름수, 이음수, 자릿수, 자련수, 느낌수, 씨앗수

✿ 기본 순서
1. 잎을 가름수로 채운다.
2. 꽃과 열매를 자릿수, 자련수, 느낌수 등으로 채운다.
3. 이음수로 줄기와 테두리를 놓는다.
4. 씨앗수로 꽃술과 열매의 알맹이를 장식한다.

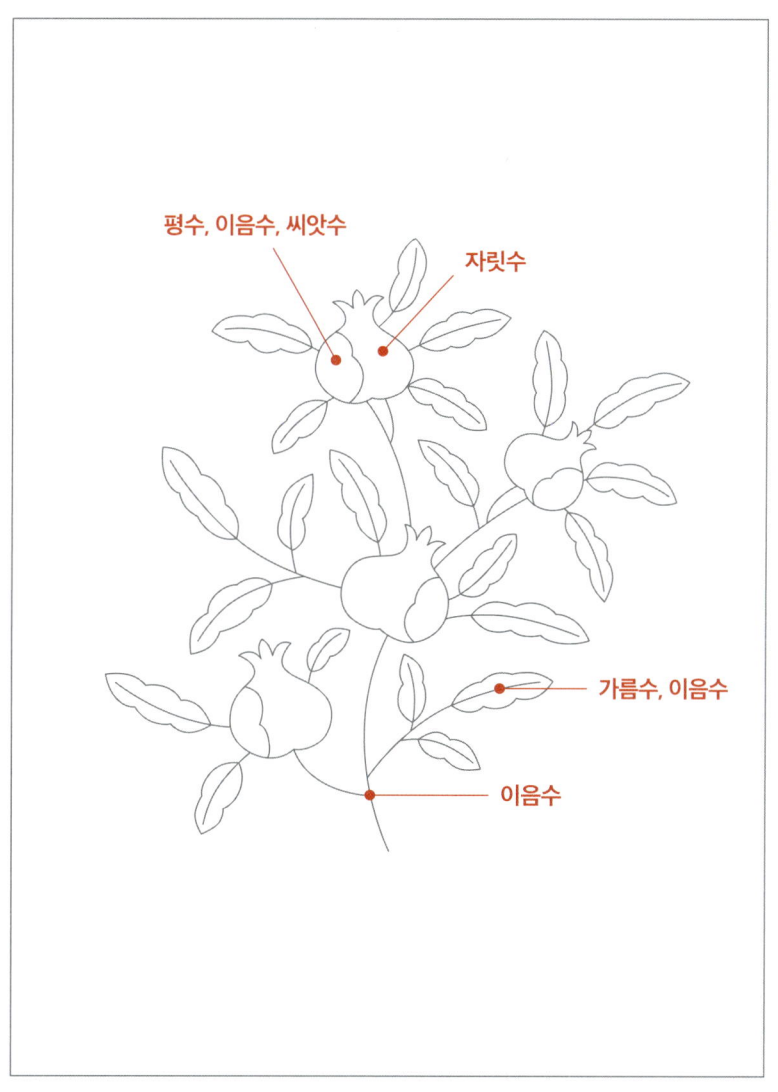

평수, 이음수, 씨앗수

자릿수

가름수, 이음수

이음수

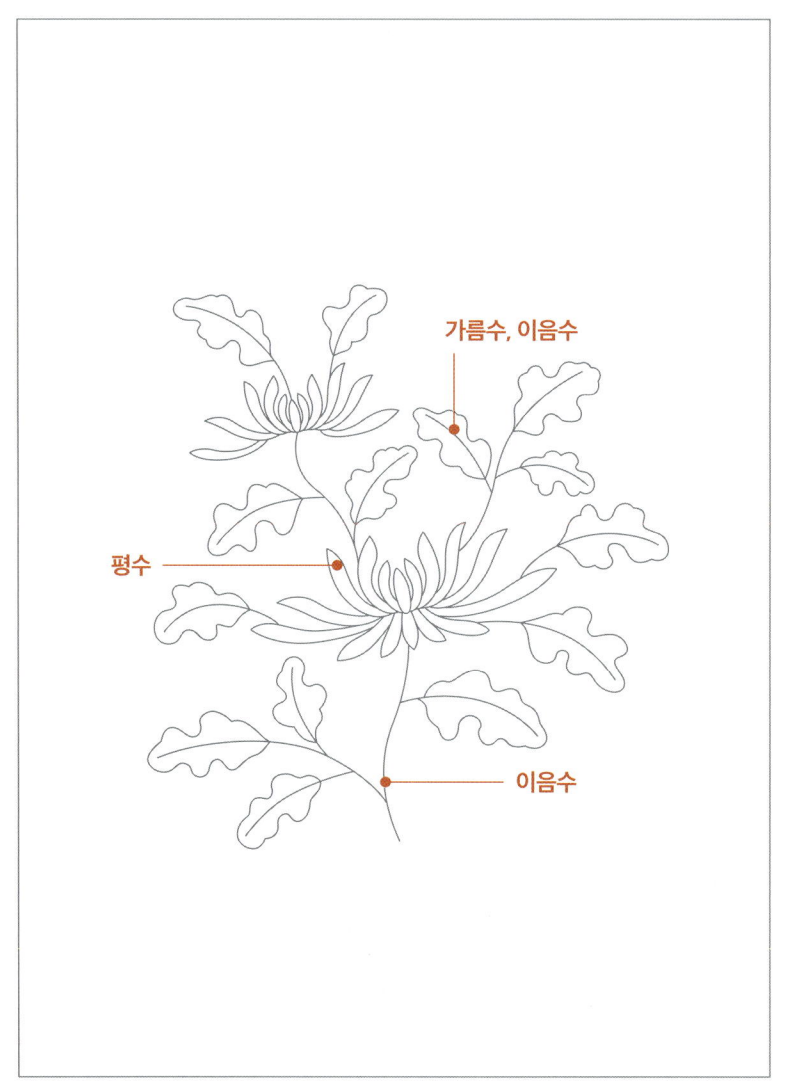

가름수, 이음수

평수

이음수

평수

가름수, 이음수

이음수

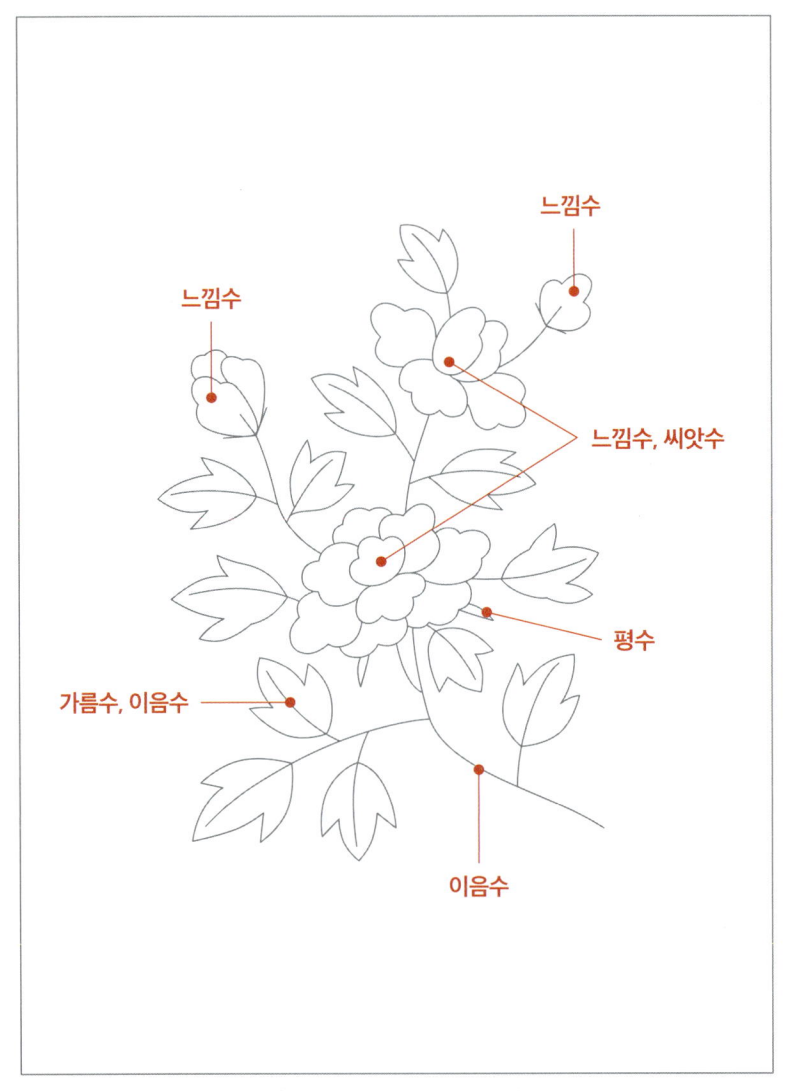

느낌수

느낌수

느낌수, 씨앗수

평수

가름수, 이음수

이음수

224

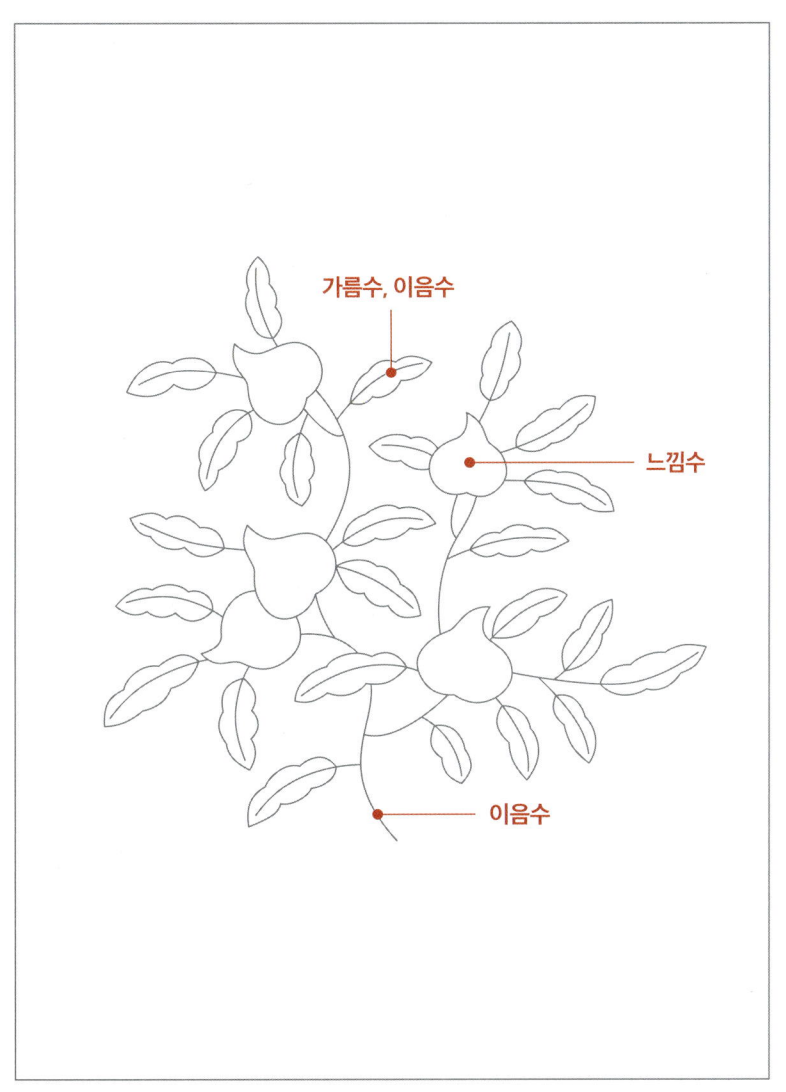

가름수, 이음수

느낌수

이음수

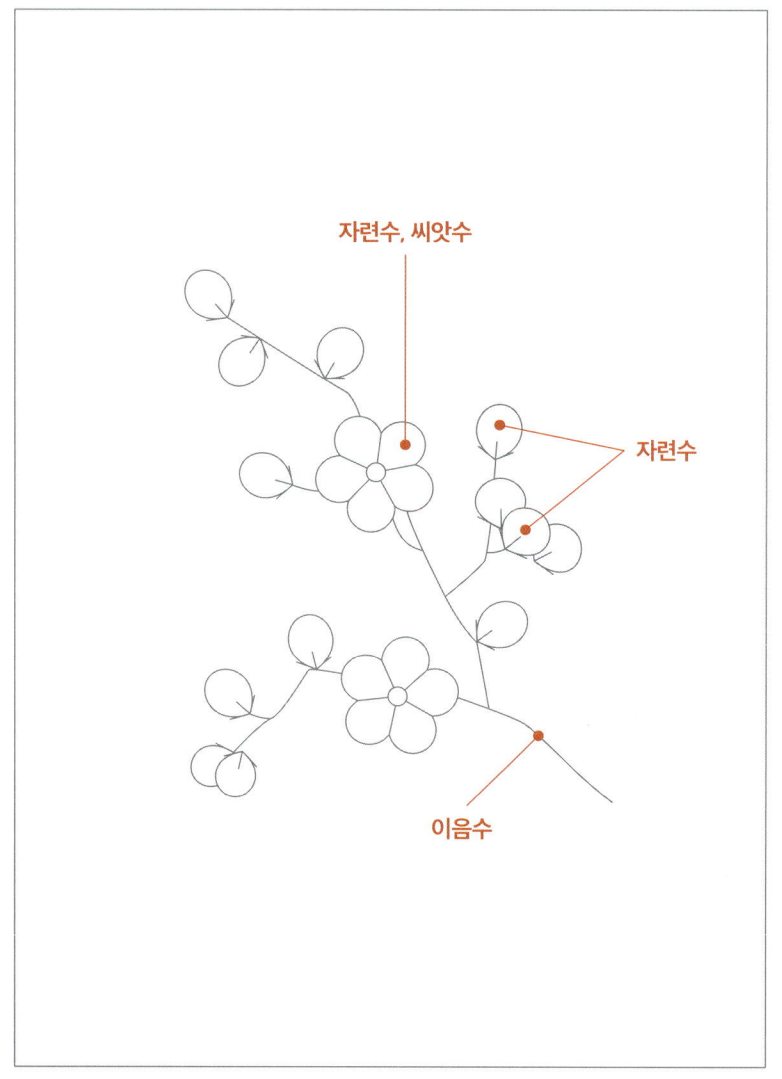

자련수, 씨앗수

자련수

이음수

석류

개별 도안 설명

나뭇잎

① 가름수로 면을 채운다.

② 이음수로 줄기를 놓는다.

석류

① 안쪽의 작은 면을 평수로 채운다.

② 나머지 면을 자릿수로 놓는다. 경계면은 띔수로 둔다.

③ 띔수로 둔 경계면을 이음수로 두른다.

④ 평수 위에 씨앗수를 놓아 석류 알맹이를 채운다.

자릿수 층 구분선

이렇게도 놓을 수 있어요 ───────

• 석류를 자련수나 느낌수로 놓는다.

• 이음수로 석류의 테두리를 두른다.

• 알맹이의 씨앗수를 두세 가지 색으로 섞어 놓는다.

국화

개별 도안 설명

나뭇잎

① 가름수로 면을 채운다.

② 이음수로 줄기를 놓는다.

국화

① 면을 평수로 채운다. 모든 경계면은 띔수로 둔다.

이렇게도 놓을 수 있어요

• 국화 가운데 부분에 씨앗수로 꽃술을 장식한다.

• 직선이나 V자 모양 땀을 이용하여 나뭇잎에 잎맥을 추가한다.

개별 도안 설명

나뭇잎

① 가름수로 면을 채운다.

② 이음수로 줄기를 놓는다.

불수감

면을 평수로 채운다. 모든 경계면은 띰수로 둔다.

이렇게도 놓을 수 있어요

• 갈색이나 주황색 등의 점수 몇 개를 불수감 위에 놓아 얼룩무늬를 표현한다.

• 평수와 자릿수를 섞어 면을 채운다.

• 불수감의 도안선을 몇 개 생략하여 간단한 모양으로 바꾼다.

개별 도안 설명

나뭇잎

① 가름수로 면을 채운다.

② 이음수로 줄기를 놓는다.

모란꽃 1

① 꽃잎을 느낌수로 채운다. 꽃잎마다 경계면은 띔수로 둔다.

② 씨앗수로 꽃술을 장식한다.

③ 작은 꽃받침은 평수로 놓는다.

느낌수 층 구분선

모란꽃 2

① 꽃잎을 느낌수로 채운다. 꽃잎마다 경계면은 띔수로 둔다.

② 부채꼴 솔잎수를 활용하여 꽃받침을 놓는다.

느낌수 층 구분선

이렇게도 놓을 수 있어요 ─────────────○

• 모란꽃을 자릿수나 자련수로 놓는다.

• 이음수로 꽃잎에 테두리를 두른다.

• 직선이나 V자 모양 땀을 이용하여 나뭇잎에 잎맥을 추가한다.

233

복숭아

개별 도안 설명

나뭇잎

① 가름수로 면을 채운다.

② 이음수로 줄기를 놓는다.

복숭아

면을 느낌수로 채운다. 겹친 복숭아의 경계면은 띔수로 둔다.

느낌수 층 구분선

이렇게도 놓을 수 있어요

• 복숭아를 자릿수나 자련수로 놓는다.

• 붉은색이나 녹색 등의 점수 몇 개로 복숭아에 얼룩무늬를 더한다.

개별 도안 설명

매화 1

① 자련수로 꽃잎을 채운다.

② V자와 직선 땀 등을 활용하여 꽃잎을 장식한다.

③ 씨앗수로 꽃의 중심을 가득 채운다.

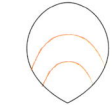

꽃잎 자련수 층 구분선

매화 2

① 자련수로 꽃잎을 채운다. 꽃잎의 경계면은 붙임수로 둔다.

② 부채꼴 솔잎수를 활용하여 잎받침을 만든다.

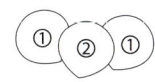

평수 놓는 순서

이렇게도 놓을 수 있어요 ──────○

• 꽃잎의 색을 한 가지 계열 색으로 통일한다.

• 매화를 평수나 자릿수로 놓는다.

235

꽃과 열매, 나무는 배경으로 그려질 때도 있지만 그 자체로 주인공이 되어 길상(吉祥)의 다양한 의미를 아름답게 표현하기도 합니다. 색상과 모양 등 다채로운 외형은 작품에 심미적이고 장식적인 요소가 되고, 식물의 이름과 관련된 이야기나 생태적 습성과 관련한 사실들은 재미있고 상징적인 의미를 더해줍니다. 꽃을 주요 소재로 그린 그림으로는 모란도(牡丹圖)나 연화도(蓮花圖)처럼 한 가지 꽃을 주제로 그린 것도 있고, 화조도(花鳥圖, 꽃과 새가 있는 그림)나 화접도(花蝶圖, 꽃과 나비가 있는 그림), 초충도(草蟲圖, 꽃과 곤충이 있는 그림)처럼 여러 가지 식물과 그에 어울리는 동물을 함께 그리는 것도 있습니다. 수로 자주 놓이는 꽃과 열매 무늬 몇 가지를 알아봅시다.

모란

꽃 중의 왕으로 불리는 모란은 부귀영화(富貴榮華)를 상징하여 길상문으로 가장 많이 쓰이는 꽃이다. 세 갈래로 뻗은 나뭇잎이 특징적이다.

연꽃(蓮꽃)

진흙에서 피는 꽃으로 속세에 물들지 않는 청렴함을 의미하고 불교와 관련하여 진리를 상징한다. 연잎, 연과와 함께 그려지는 경우가 많다.

연과(蓮菓)

강력한 생명력을 가진 연꽃의 열매로 번영과 다산을 상징한다. 같은 발음 때문에 연이어 과거시험을 통과한다는 의미도 가진다.

매화(梅花)

춥고 이른 봄에 가장 먼저 피는 꽃으로 지조와 절개 등을 상징한다. 나뭇잎보다 꽃이 먼저 피기 때문에 잎 없는 나뭇가지에 꽃이 붙어 있다.

오얏꽃

자두나무의 꽃으로 이화(李花)라고도 불린다. 복숭아꽃이나 배꽃과도 비슷하고 대한제국 황실을 상징하는 문양이기도 하다.

국화(菊花)

가을에 서리를 맞으며 피는 꽃으로 매화와 함께 사군자 중 하나로서 기품과 절개를 상징하고, 그 밖에 장수를 의미하기도 한다.

무궁화(無窮花)

독립운동기에 애국심을 고취하며
우리나라를 대표하는 꽃으로 인식
되었다. 근화(槿花)라고도 불리며
인내와 영원 등을 상징한다.

복숭아

장생문에서 다루었듯이 신선들이
먹고 불로장생하는 과일로 신성하
게 여겨졌다.

석류(石榴)

석류와 포도처럼 알맹이나 씨앗이
한꺼번에 많이 열리는 과실은 다산
(多産)이나 다복(多福)을 상징한다.

불수감(佛手柑)

부처님 손을 닮아 붙여진 이름으로
불교를 상징하기도 하고, 복을 상
징하기도 한다. 복숭아, 석류와 함
께 도류불수문으로 자주 나타난다.

화수문(花樹紋)

화목문(花木紋)으로도 불리며 사
방으로 뻗은 나뭇가지에 열매나
꽃무늬가 반복되는 모양이다. 번
영과 풍요, 다산과 다복 등을 상징
한다.

그 밖에

정확히 이름과 형체를 알 수 없는
꽃과 열매도 있다. 실물과 상관없
이 상상력을 더해 다양한 문양을
만들 수 있다.

작품 크기 297×420㎜

난이도 ●●●

작업기간 ●●●

포스터 만드는 법 293쪽 참조

8

둥글게 얽힌
화조도/화접도 포스터

❀ **원　　단** ─────────────────────────────

옥색 도류불수문단

❀ **실　색상** ─────────────────────────────

❀ **기　　법** ─────────────────────────────

평수, 가름수, 자릿수, 자련수, 이음수, 씨앗수

❀ **기본 순서** ─────────────────────────────

1. 가름수로 잎을 채운다.
2. 평수, 자릿수, 자련수로 꽃과 열매 등을 채운다.
3. 이음수로 줄기와 테두리를 놓는다.
4. 씨앗수로 연밥과 새의 눈을 놓는다.
5. 짧은 땀으로 석류의 무늬와 새의 날개, 부리를 장식한다.

화조도

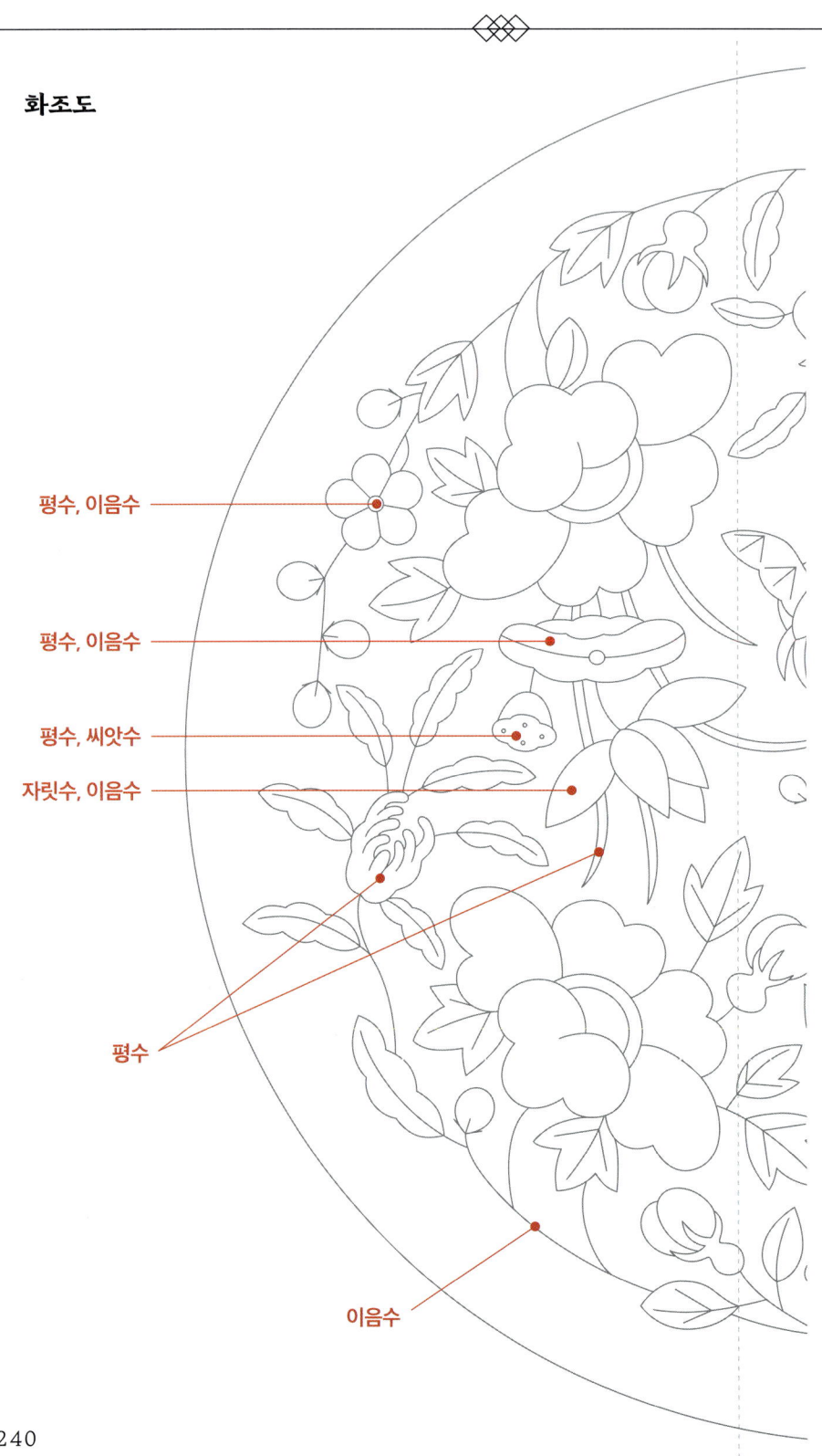

평수, 이음수

평수, 이음수

평수, 씨앗수

자릿수, 이음수

평수

이음수

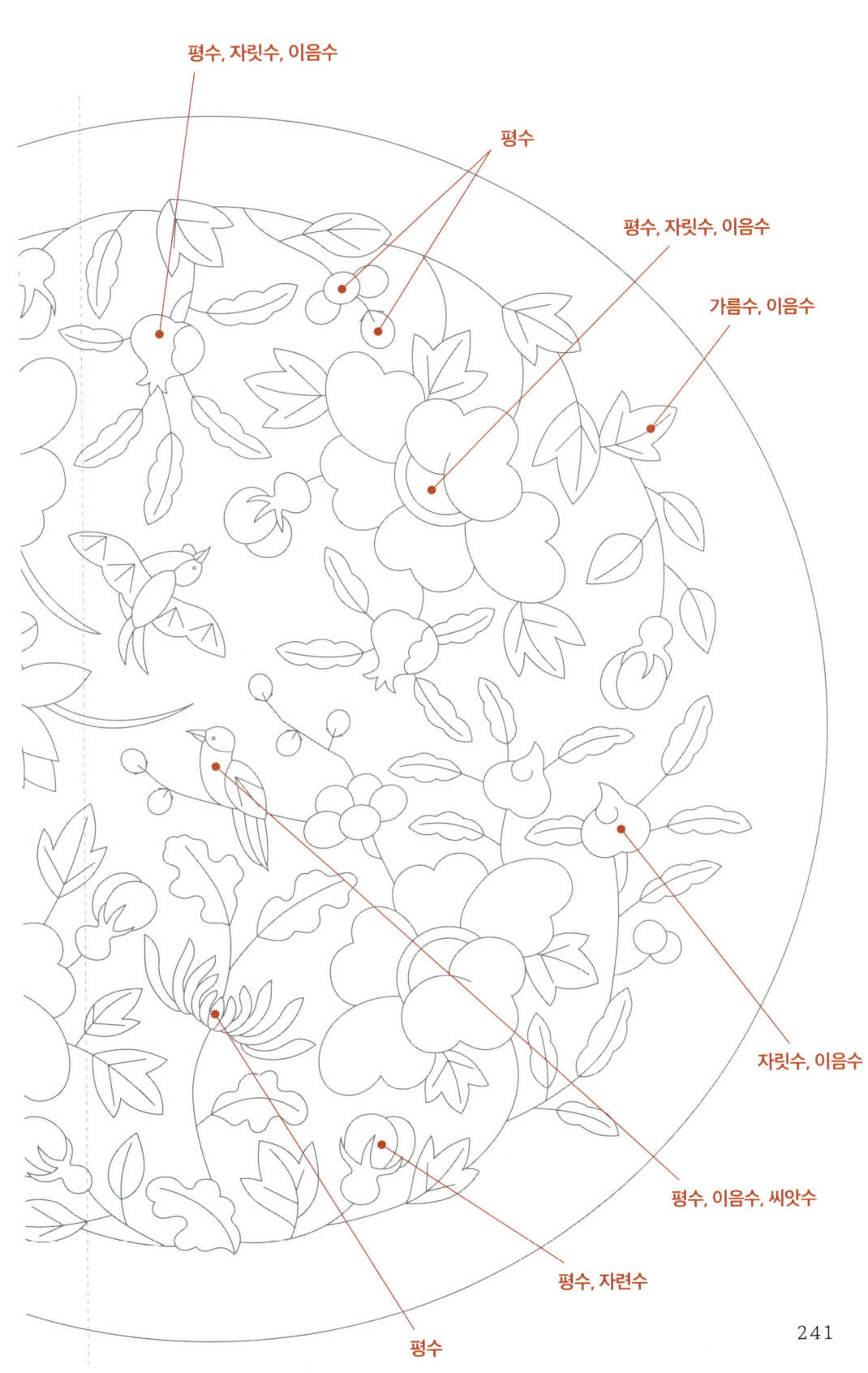

평수, 자릿수, 이음수

평수

평수, 자릿수, 이음수

가름수, 이음수

자릿수, 이음수

평수, 이음수, 씨앗수

평수, 자련수

평수

241

화접도

* 앞의 화조도에서 새 한 쌍을
  나비 한 쌍으로 바꾼 도안입니다.

개별 도안 설명

나뭇잎

① 가름수로 면을 채운다.

② 이음수로 줄기를 놓는다.

③ 직선이나 V자 모양의 땀으로 잎맥을 장식한다.

매화 1

① 면을 평수로 채운다. 가운데 동그란 경계면만 띔수로 둔다.

② 동그란 테두리를 이음수로 놓는다.

③ 짧은 땀으로 꽃잎과 꽃잎 사이의 직선을 놓는다.

매화 2

다음의 순서대로 면을 평수로 채운다. 경계면은 붙임수로 둔다.

평수 놓는 순서

매화 3

① 면을 평수로 채운다.

② 부채꼴 솔잎수를 활용하여 잎 받침을 만든다.

국화

면을 평수로 채운다. 모든 경계면은 띔수로 둔다.

모란 1

① 잎 받침을 평수로 채운다.

② 꽃잎을 자련수로 놓는다. 경계면은 띔수로 둔다.

자련수 층 구분선

모란 2

① 가운데 꽃술을 평수로 채운다. 안쪽 경계 면을 붙임수로 둔다.

② 꽃잎을 자릿수로 둔다. 표시된 결 방향과 자릿수 안내선을 따라 땀의 각도를 조금 씩 바꾸면서 면을 채운다. 꽃잎의 테두리 선은 띔수로 둔다.

③ 테두리를 이음수로 놓는다.

이음수로 테두리 두르는 모습

자련수 층 구분선

연꽃

① 꽃을 자릿수로 채운다. 경계면은 모두 띔수로 둔다.

② 잎을 평수로 놓는다.

③ 꽃의 테두리를 이음수로 놓는다.

④ 짧은 땀으로 꽃잎의 꼭짓점을 뾰족하게 만든다.

자릿수 층 구분선

뾰족한 끝부분

연잎

① 잎의 아랫면을 평수로 채운다.

② 잎의 윗면을 평수로 채운다. 잎 안쪽의 경계면은 띔수, 잎의 아랫면과 만나는 경계면은 붙임수로 둔다.

③ 잎 안쪽의 선과 동그란 테두리를 이음수로 놓는다.

연밥

① 연밥의 아랫면을 평수로 채운다.

② 연밥의 윗면을 평수로 채운다. 경계면은 붙임수로 둔다.

③ 씨앗수 장식을 올린다.

불수감

면을 평수로 채운다. 경계면은 띔수로 둔다.

247

복숭아

① 면을 자릿수로 채운다. 작품 사진과 같이 상단 중심과 오른쪽 부분에만 색을 다르게 넣는다. 안쪽의 경계면은 띔수로 둔다.

② 따로 표시된 테두리를 이음수로 놓는다.

자릿수 층 구분선　　이음수 테두리

석류

① 안쪽의 작은 면을 평수로 채운다.

② 나머지 면을 자릿수로 놓는다. 경계면은 띔수로 둔다.

③ 따로 표시된 테두리를 이음수로 놓는다.

④ 짧은 땀으로 석류 껍질의 무늬를 장식한다.

자릿수 층 구분선　　이음수 테두리

새

① 면을 평수로 채운다. 경계면은 띔수로 둔다.

② 따로 표시된 테두리를 이음수로 놓는다.

③ 눈을 씨앗수로 놓는다.

④ 부채꼴 솔잎수를 응용하여 날개의 무늬를 만들고, 짧은 한 땀을 부리 중간에 놓는다.

이음수 테두리

나비(새 대체 도안)

① 면을 평수로 채운다. 경계면은 띔수로 둔다.

② 이음수로 더듬이와 테두리를 놓는다.

③ V자 무늬와 직선 땀으로 몸통과 날개의 무늬를 놓는다.

④ 씨앗수로 눈을 놓아도 된다.

이렇게도 놓을 수 있어요

• 새 대신 나비 도안을 넣어 화접도(花蝶圖)를 만든다.

• 도안의 반쪽이나 일부만 사용하여 원하는 모양을 수놓는다.

• 큰 모란꽃을 결 방향이 바뀌지 않는 자릿수로 놓는다.

• 꽃과 열매를 수놓을 때 자릿수, 자련수, 느낌수 등 원하는 기법을 이용한다.

큰 작품 또는 큰 수틀을 가지고 작업하는 경우 도안의 방향과 관계없이 수틀을 여러 방향으로 돌려 놓으면서 수를 놓아봅시다. 도안을 항상 정면으로만 놓고 있다 보면 손과 먼 곳에는 수를 놓기 불편할 때가 있습니다. 수틀을 이리저리 움직여 놓는 것이 작업을 훨씬 편하게 합니다. 도안을 특정 문양으로 생각하기보다 추상적인 도형이나 선이라고 생각하면 거꾸로 보아도 불편하지 않을 것입니다.

작품 크기 105×148mm/폭

난이도 ●●○

작업기간 ●●○

병풍 만드는 법 287쪽 참조

9

자투리 실로 놓는
수복강녕도 4폭 병풍

◈ 원 단
분홍색 면 30수

◈ 실 색 상

* 특별한 색이나 여러 가지 색이 필요한 것은 아니다. 가지고 있는 실이나 다른 작업을 하다 남은 자투리 실을 모아두었다가 사용한다.

◈ 기 법
평수, 징금수

◈ 기본 순서

1. 평수로 면을 채운다.
2. 징금수로 전체 테두리에 금사를 두른다.

* 표시된 결 방향은 평수의 방향을 위한 것이고 색의 구획과 관련이 없다.

* 몇 땀마다 실을 계속 바꾸고 색 조합을 위해 고민하는 시간이 필요하기 때문에 기법은 단순하지만 보기보다 손과 시간이 많이 드는 작업이다.

면 내부는 모두 평수, 테두리는 금사 징금수

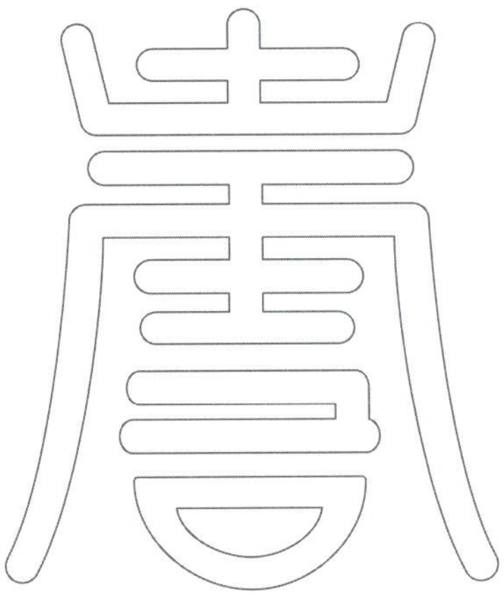

면 내부는 모두 평수, 테두리는 금사 징금수

면 내부는 모두 평수, 테두리는 금사 징금수

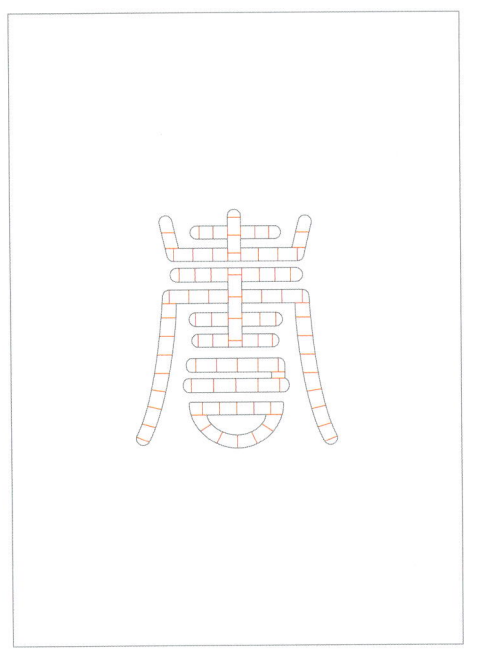

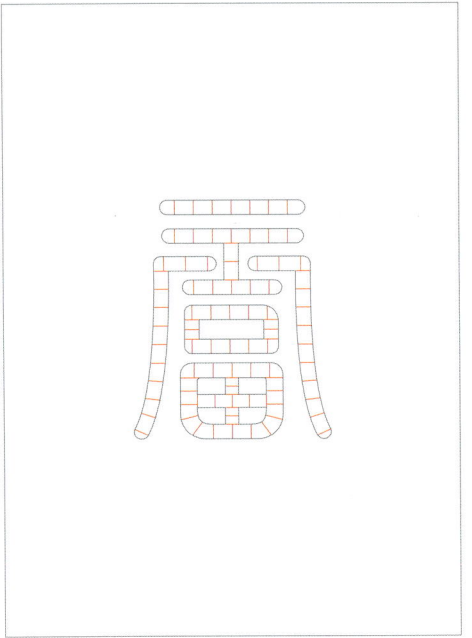

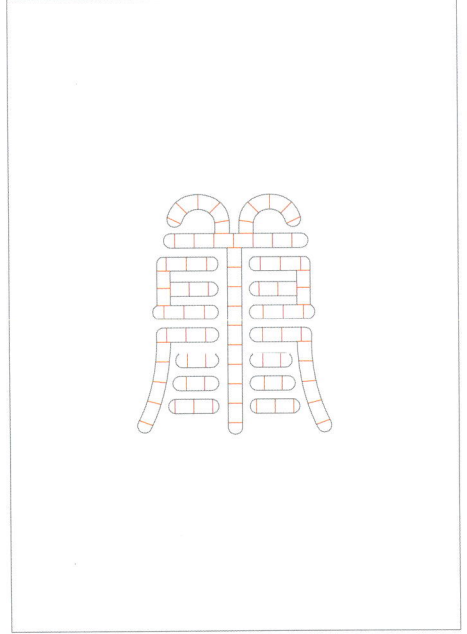

면은 비단보다 구하기 쉽고 값도 저렴하면서 일반적으로 다루기도 쉬운 원단입니다. 하지만 비교적 거칠고 성근 조직 때문에 명주실로 수를 놓을 때에는 섬세하게 땀을 놓기 어렵기도 합니다. 이음수나 징금수로 테두리를 두르는 경우라면 도안면을 채운 땀의 가장자리가 조금 매끄럽지 않아도 괜찮습니다. 짧은 땀으로 평수를 채우다 보면 모든 땀을 완벽히 도안선에 맞게 놓는 것이 부담될 때가 있습니다. 삐죽빼죽한 땀이 마음에 들지 않을 때는 원하는 기법으로 테두리를 둘러봅시다. 테두리 굵기만큼 마음의 부담을 조금 덜 수 있을 것입니다.

첫 장에서 소개되었듯이 전통자수에 사용되는 재료는 보통 품질이나 규격이 공산품처럼 획일화되어 있지 않은 편입니다. 실이나 원단에 이름이나 번호가 붙어 있더라도 판매처마다 제각각인 경우가 많고, 같은 상점에서 같은 제품을 사더라도 염색의 정도나 원단의 조직, 촉감 등이 미세하게 다를 때도 있습니다. 거칠어 보이는 광목이어도 땀이 가지런히 놓이기도 하고, 고와 보이는 비단이라도 막상 수를 놓아보면 조직이 너무 성글어서 땀마다 구멍이 생기기도 합니다.

여러 종류의 재료를 사용해보면 각각의 성질을 알아가는 재미도 생기고, 예상치 못한 상황에서 대처하는 법을 배우기도 합니다. 완벽한 작업이 필요할 때는 재료를 고르는 단계에서부터 꼼꼼히 살펴보는 것이 좋겠지만, 만일 재료의 성질이 예상과 다를 때에는 그 재료의 특성을 살리는 방식을 생각해봅시다. 그러면 재료도 아껴 쓸 수 있을 뿐만 아니라 생각지 못한 재미있는 작품 구성이나 색상 조합을 발견할 수도 있습니다.

작품 크기 297×420mm

난이도 ●●○

작업기간 ●●●

포스터 만드는 법 293쪽 참조

10

바라는 대로 이루어지는
백수백복도 포스터

❀ 원　　단 ────────────

흰색 공단

❀ 실 색 상 ────────────

❀ 기　　법 ────────────

평수, 가름수, 이음수, 씨앗수, 귀갑수

❀ 기본 순서 ────────

특별한 순서 없이 원하는 도안부터
시작한다. 별도의 설명이 없는 도안
은 모두 따로 표시된 결 방향에 맞게
평수로 채운다. 개별 도안 설명은 평
수 이외의 기법이 사용되었거나 추
가적인 설명이 필요한 도안만 다루
었다.

흰 바탕에 그려진 흰 도안선

따로 표시된 기법 외에는 모두 평수

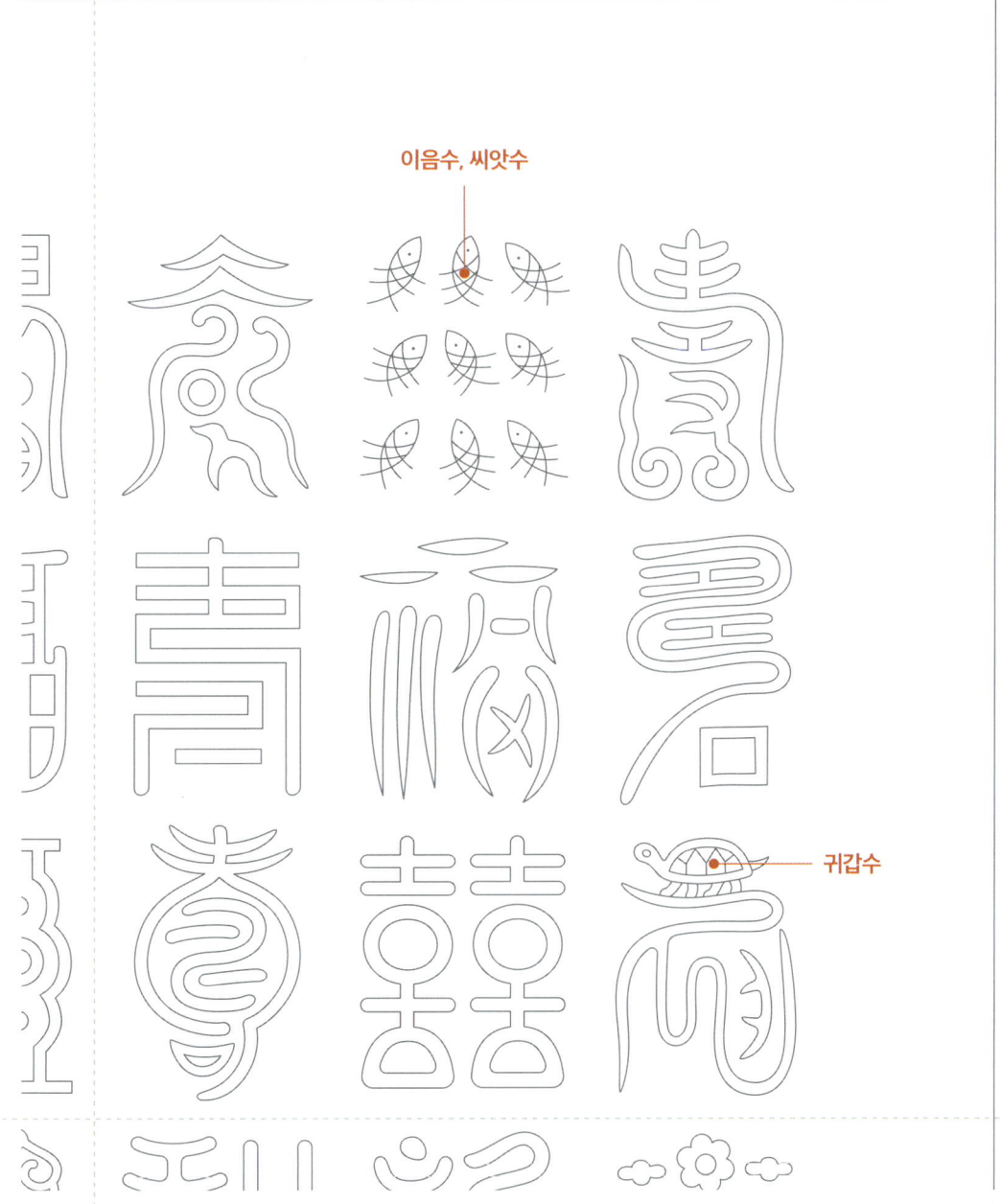

이음수, 씨앗수

귀갑수

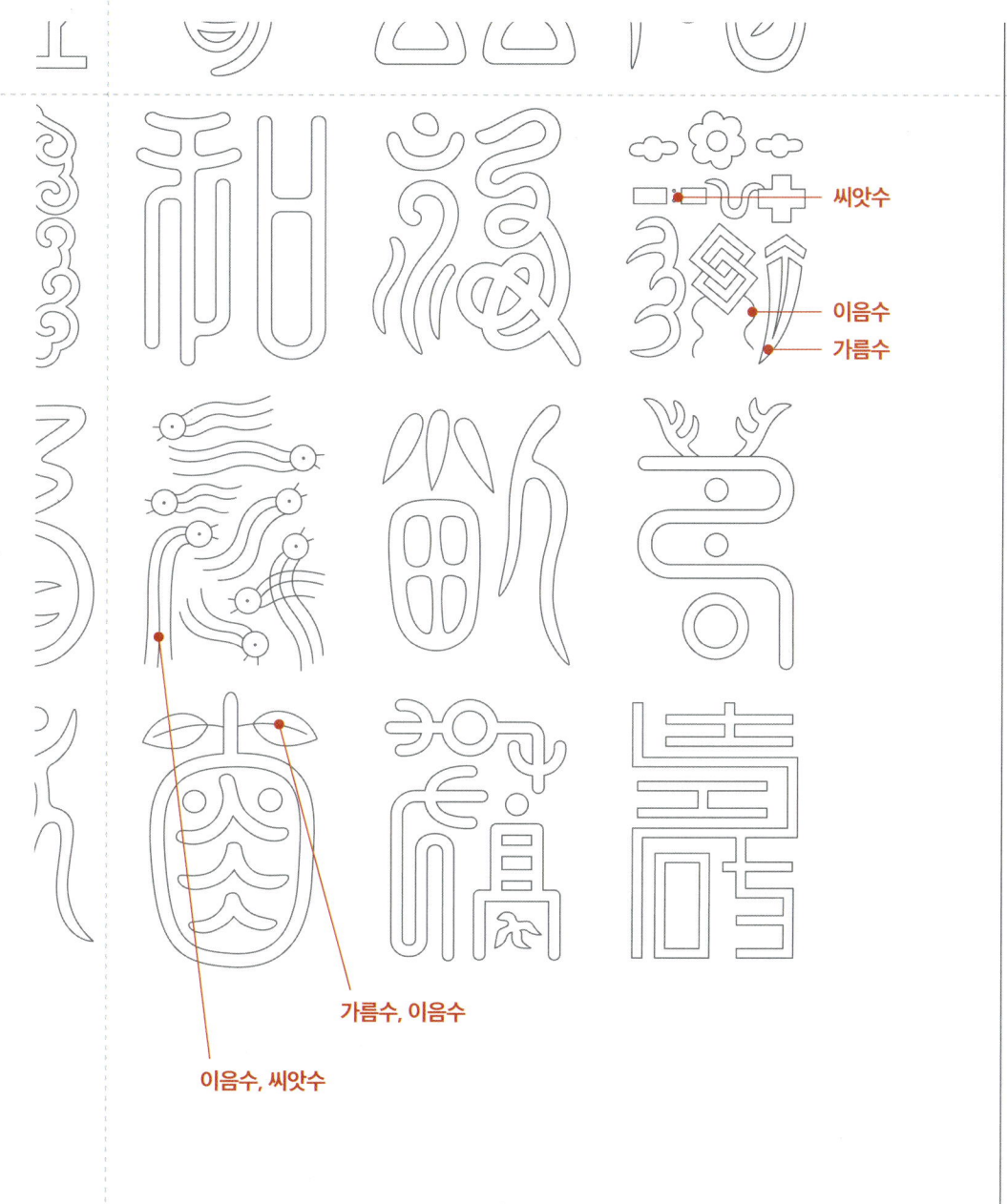

씨앗수

이음수

가름수

가름수, 이음수

이음수, 씨앗수

목숨 수(壽)

복 복(福)

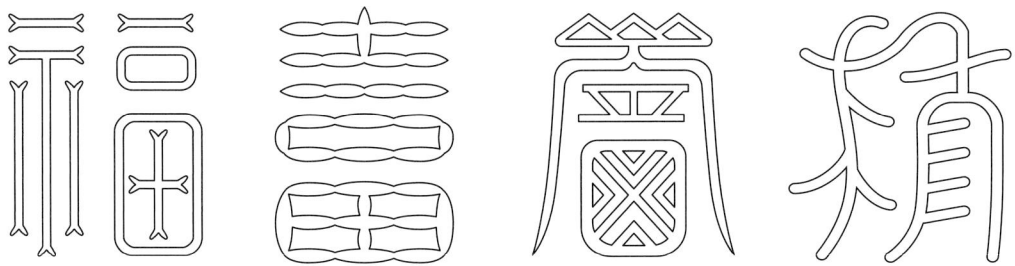

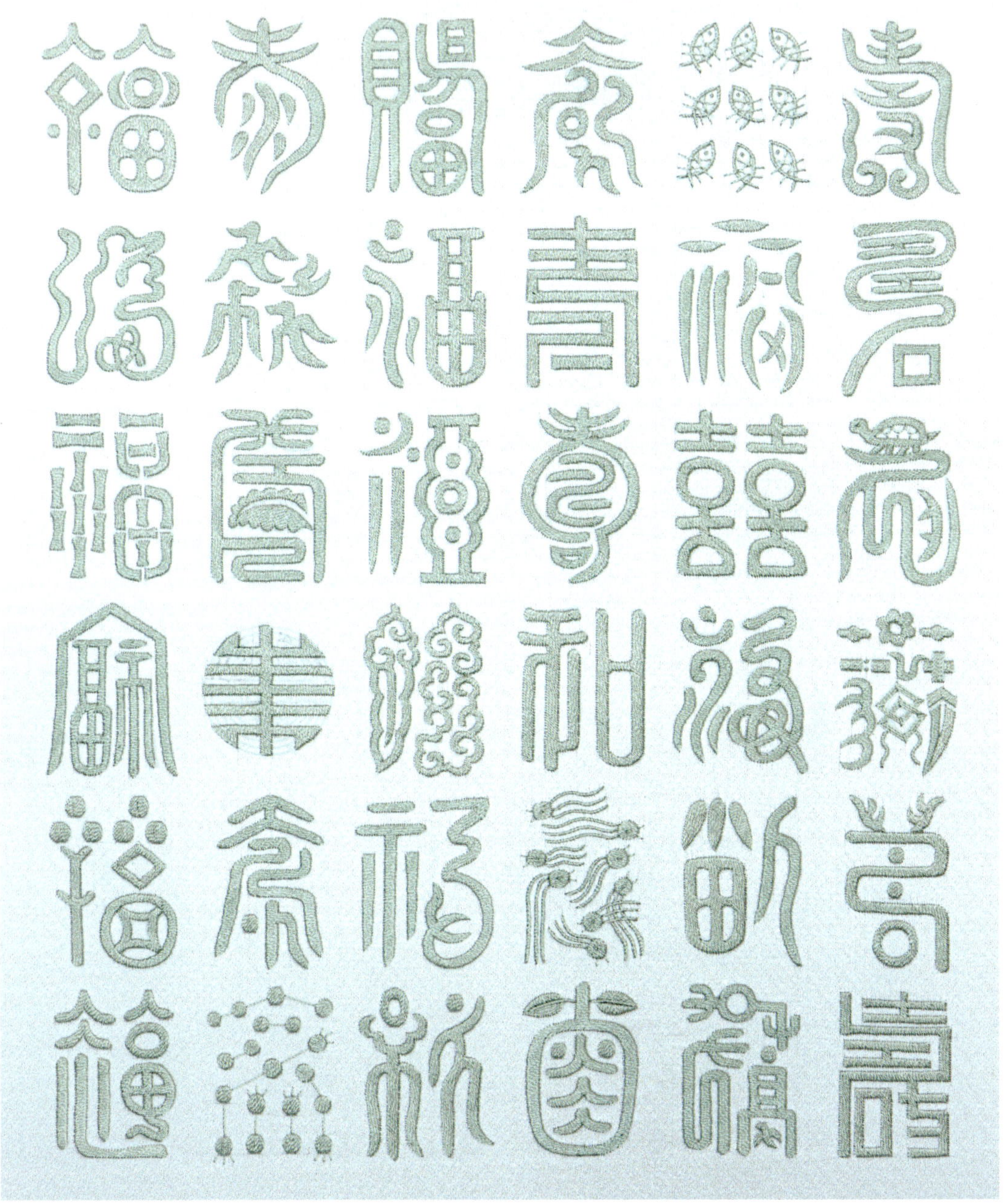

개별 도안 1

① 면을 평수로 채운다. 거북의 다리와 맞닿은 경계면은 모두 띔수로 둔다.

② 눈을 씨앗수로 놓는다.

③ 귀갑수로 귀갑무늬를 놓는다.

개별 도안 2

① 면을 평수와 가름수로 채운다.

② 중앙 아래쪽 방승보(方勝寶, 길상무늬 중 하나로 네모난 금종이 두 장이 겹친 모양)의 네모 문양은 아래 그림을 따라 놓는다.

③ 씨앗수와 이음수로 나머지 부분을 장식한다.

방승보 놓는 순서

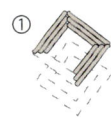

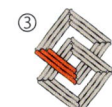
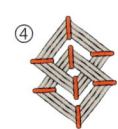

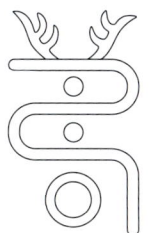
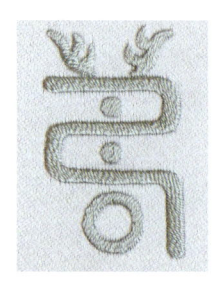

개별 도안 3

면을 평수로 채운다. 사슴뿔과 맞닿은 경계면은 띔수로 둔다.

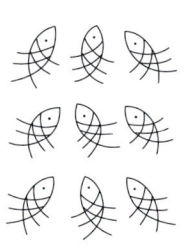 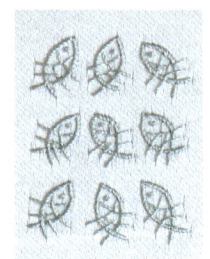

개별 도안 4

① 이음수로 물고기의 테두리를 두른다.

② 아래 그림과 같이 V자 무늬 놓는 법을 활용하여 무늬를 장식한다.

③ 눈을 씨앗수로 놓는다.

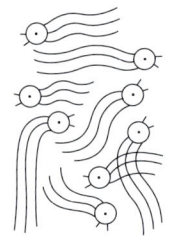 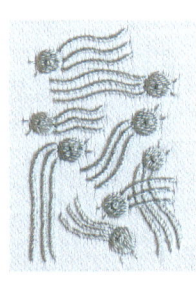

개별 도안 5

① 면을 평수로 채운다.

② 짧은 땀으로 더듬이 장식을 하고 씨앗수로 눈을 놓는다.

③ 이음수로 꼬리를 놓는다.

 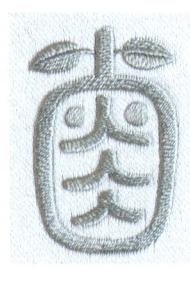

개별 도안 6

① 평수와 가름수로 면을 채운다.

② 잎맥을 이음수로 놓는다.

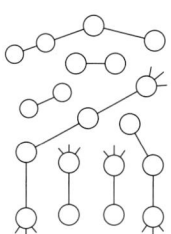 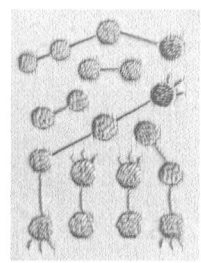

개별 도안 7

① 면을 평수로 채운다.

② 직선의 땀으로 연결선과 장식선을 놓는다.

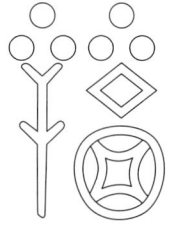 

개별 도안 8

① 면을 평수로 채운다.

② 오른쪽 아래 전보(錢寶, 길상무늬 중 하나로 엽전과 비슷한 모양)에서 경계면은 띔수로 둔다.

이렇게도 놓을 수 있어요

• 자투리 실을 활용하여 여러 가지 색을 섞어 놓는다.

• 자릿수나 자련수, 씨앗수 등 다양한 기법을 원하는 곳에 사용한다.

• 도안을 변형하여 작은 엽서나 병풍 등 원하는 작품을 만든다.

문자문 (文字紋)

동물이나 식물 도안은 그 문양이 가지는 상징적인 의미를 알아야 작품을 해석할 수 있지만 문자는 비교적 직접적인 방법으로 의미를 전달합니다. 한자 문화권에 속하는 우리나라는 한글이 보편적으로 사용된 이후에도 특정한 경우에는 한자를 사용하는 일이 많았습니다. 요즘에는 모두 한글로 표기하는 추세지만 결혼이나 환갑, 신생아의 백일을 기념하는 데에 한자어의 사용은 여전합니다. 새해 인사를 주고받을 때도 한자로 크게 적은 복(福) 자가 눈에 많이 띕니다. 이처럼 자수를 비롯하여 전통공예 전반에서 관습적, 관용적으로 많이 사용되는 문자와 문구가 있습니다. 그런 길상문자(吉祥文字)는 그림과 마찬가지로 여러 가지 형태로 그려지며 좋은 의미를 전달함과 동시에 하나의 무늬로서의 역할도 합니다.

- **목숨 수(壽)**: 건강과 장수가 가장 큰 염원인 만큼 문자 중에서도 가장 많이 나타난다. 단독으로 쓰이거나 여러 문자와의 조합을 이루기도 하며, 문자의 형태 또한 다양하다. 동그란 형태로 그려진 것은 특히 '원수문(圓壽紋)'이라고 부른다.

- **복 복(福)**: 단독으로도 쓰이고 수(壽)와 짝을 이루는 경우가 많다. 서체와 그림체에 따라 다양한 모양으로 나타나고, '박쥐 복(蝠)' 자와 발음이 같아서 박쥐문으로 대체되기도 한다.

• **쌍희 희(囍):** '기쁠 희(喜)' 자가 겹친 모양으로 경사스러운 일에 많이 사용되며 문자 모양 자체로 장식성을 띤다.

• **수복강녕(壽福康寧):** 장수와 복, 건강과 평안을 기원하는 뜻으로 가장 많이 쓰이는 문자 조합이다.

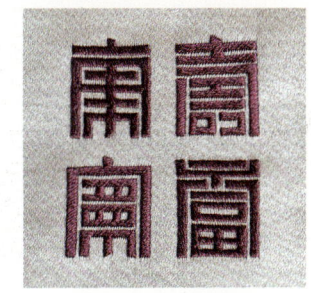

• **아자문(亞字紋):** 문자의 의미보다는 무한히 반복되는 무늬를 통해 장수를 상징하고 주로 테두리를 장식한다.

그 밖에 '부귀(富貴)'도 '수복(壽福)'과 함께 자주 쓰인다. 남아선호사상이 컸던 옛날에는 '부귀다남(富貴多男)'이라는 문구를 많이 사용했다. 산처럼 오래 살고 바다와 같이 큰 복을 받는다는 뜻의 '수여산(壽如山) 복여해(福如海)'처럼 한시나 고전의 글귀를 수로 새기는 경우도 있고, 긴 글을 그대로 수놓기도 한다. 근현대 유물에서는 한글은 물론 영어 단어도 찾아볼 수 있다.

3장.

작품 꾸미기

수를 놓아 만들 수 있는 작품의 종류는 셀 수 없이 다양합니다. 전통적으로는 예복, 흉배, 주머니, 노리개 등의 복식과 장신구, 베개, 보자기, 병풍 등의 생활용품에 많이 사용되었습니다. 삶의 형태가 많이 달라진 요즘은 특별한 날이 아니면 일상에서 자수공예품을 찾아보기가 쉽지 않고, 자수 작품의 대부분이 실용보다는 전시나 감상의 목적으로 제작되곤 합니다. 그런 작품을 만들기 위해서는 매듭이나 표구를 전문으로 하는 곳을 찾아가기도 합니다. 전문가의 도움 없이도 혼자서 만들 수 있는 작품 중 비교적 간단하면서도 보편적인 작품은 보자기처럼 바느질로 완성하는 형태일 것입니다. 손바느질이나 재봉틀로 생활소품을 만드는 분야를 규방공예라고 하는데, 보통 전통자수를 소개하는 책에서 간단하게나마 규방공예를 다루는 이유가 바로 이 때문입니다.

이 책에서는 책머리에서 소개한 바와 같이 수를 처음 놓기 시작한 독자의 부담을 최대한 덜기 위해 수놓기 외의 과정은 최소화하였습니다. 그러면서도 정성 들여 완성한 작품을 일상에서 즐길 수 있도록 간단한 재료와 방법으로 소품을 만들어보았습니다. 엽서나 미니 병풍 등을 만드는 데에 필요한 재료나 만드는 방식은 기본적으로 모두 비슷하고 크기와 모양만 조금씩 다릅니다. 책에 소개된 방식 외에도 자유롭게 다른 작품을 만들 수 있고, 전통적인 방식으로 배접하거나 규방공예 작품을 만들어도 좋습니다.

• **재료** 두꺼운 종이, 고체 풀 또는 목공용 풀, 종이테이프 또는 양면테이프

　　　작업의 편의를 위해 A4, A3, A2 등 표준규격 용지(무게 200~250g/㎡)를 사용한다.

• **도구** 연필, 자, 문구용 칼, 가위, 고무매트, 무거운 책

원단 자르기

종이에 풀 바르기

책갈피와 엽서 만들기

책갈피와 엽서는 크기만 다를 뿐 만드는 방법은 완전히 같습니다. 크기에 맞는 작품이나 큰 도안의 일부를 사용하여 다양한 모양으로 만들어봅시다. 종이를 새로 사는 대신에 두꺼운 포장지나 잡지 중에서 마음에 드는 부분을 잘라 재활용해도 좋고 칼 대신 가위, 풀 대신 테이프를 사용하는 등 재료나 도구 선택도 자유롭게 해봅시다.

책갈피 만들기

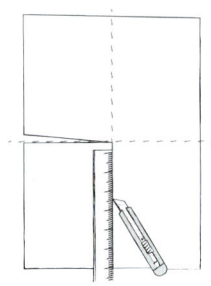

① 그림과 같이 4등분한 A4 용지 (210×297mm)의 한 면을 잘라 사용한다.

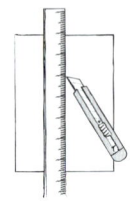

② 긴 면을 반으로 접기 위해 중심 선에 약하게 칼집을 낸다.

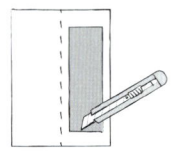

③ 작품의 크기와 여백을 고려하 여 한쪽 면에 창을 뚫는다. 창 의 크기는 가로 3~3.5cm, 세로 11~12cm 정도로 한다.

④ 원단을 붙일 면의 테두리에 고체 풀을 바른다. 면 가운데 바를 경우에는 풀의 양을 적게 하고 덩어리가 생기지 않도록 주의한다. 풀 대신 종이테 이프를 사용해도 된다. 액체 풀은 종이가 우글거리거나 원단이 얼룩지므 로 사용하지 않는다.

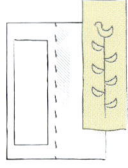

⑤ 자수와 창의 위치를 맞추어 반 듯하게 붙인다.

⑥ 창의 안쪽 면에 고체 풀을 바른 다. 양면테이프나 목공용 풀을 사용해도 된다. 목공용 풀은 적 은 양을 고르게 펴 바른다.

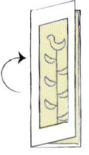

⑦ 종이를 반으로 접고 풀이 마르 는 동안 무거운 책으로 눌러 놓 는다.

⑧ 완성된 책갈피를 그대로 사용 하거나 끈 장식을 더한다.

엽서 만들기

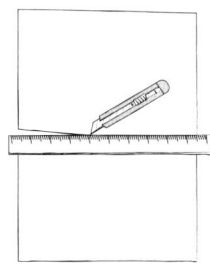

① A4 용지(210×297mm)의 긴 면을 반으로 자른다. A5 용지(148×210mm)를 사용해도 되고 원하는 크기로 자유롭게 만들 수 있다.

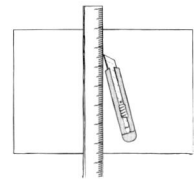

② 긴 면을 반으로 접기 위해 중심선에 칼집을 낸다.

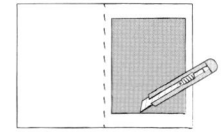

③ 작품의 크기와 여백을 고려하여 한쪽 면에 창을 뚫는다. 창의 크기는 가로 8~9.5cm, 세로 10~12.5cm 정도면 적당하다.

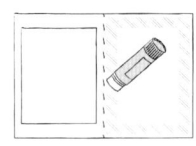

④ 원단을 붙일 면에 고체 풀을 고르게 펴 바른다.

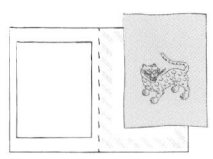

⑤ 창의 위치에 맞게 자수를 붙인다.

⑥ 창의 안쪽 면에 고체 풀을 고르게 펴 바른다.

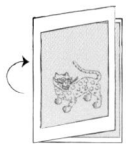

⑦ 종이를 반으로 접고 풀이 마르는 동안 무거운 책으로 눌러 놓는다.

⑧ 완성된 엽서는 뒷면에 손 그림이나 인쇄된 종이를 사용해 장식한다.

⑨ 같은 방식으로 A4 용지를 반으로 접은 크기의 큰 엽서를 만들 수도 있다.

2

카드 만들기

엽서와 비슷하지만 열고 닫히는 면이 하나 더 있는 형태를 만듭니다. 여기에 소개된 두 가지 방식은 연결된 한 장의 종이를 사용하여 접히는 면을 깔끔하게 만들려고 하였습니다. 하지만 낱개의 면으로 잘린 종이를 붙여서 사용해도 되고, 카드가 열리는 방향을 다르게 해도 괜찮습니다. 카드 봉투가 있는 경우에는 미리 봉투의 크기에 맞게 용지를 재단하여 사용합니다.

A4 용지로 카드 만들기 1

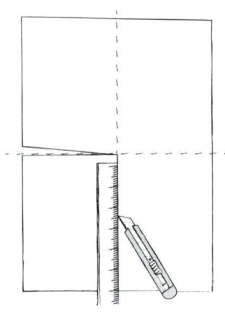

① 그림과 같이 4등분한 A4 용지 (210×297mm)의 한 면을 자르 고 남은 부분을 사용한다.

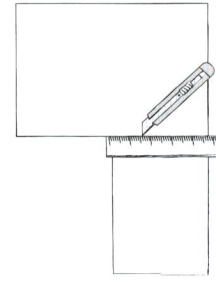

② 세 면으로 접기 위해 먼저 한쪽 경계선에 칼집을 낸다.

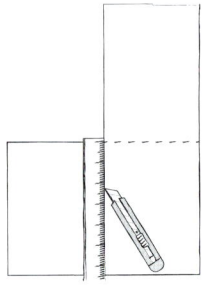

③ 다른 쪽 경계선은 접히는 방향 을 반대로 하기 위해 종이를 뒤 집은 다음 칼집을 낸다.

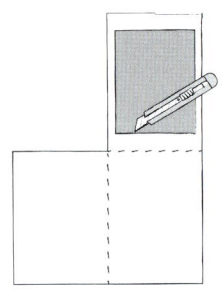

④ 작품의 크기와 여백을 고려하 여 그림에 표시된 면에 창을 뚫 는다.

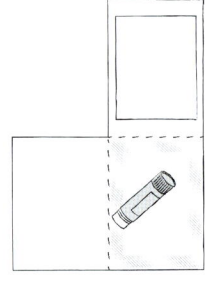

⑤ 원단을 붙일 면에 고체 풀을 고 르게 펴 바른다.

⑥ 창의 위치에 맞게 자수를 붙인 다.

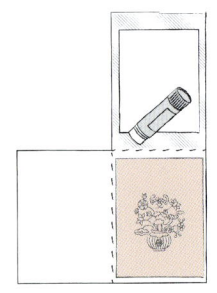

⑦ 창의 안쪽 면에 고체 풀을 고르 게 펴 바른다.

⑧ 종이를 접고 풀이 마르는 동안 무거운 책으로 눌러 놓는다.

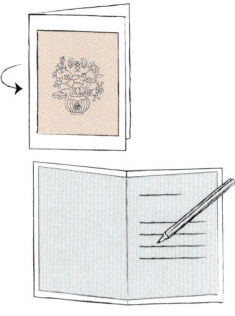

⑨ 나머지 면도 접으면 완성된다. 얇은 종이를 속지로 붙여 카드 로 사용한다.

A4 용지로 카드 만들기 2

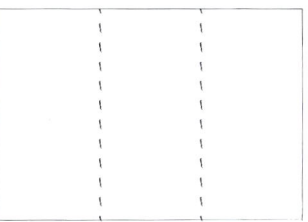

① 3등분으로 나누어 손으로 접거나 칼집을 살짝 낸다. 접히는 방향은 모두 한 방향이다.

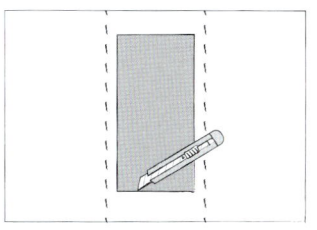

② 작품의 크기와 여백을 고려하여 가운데 면에 창을 뚫는다.

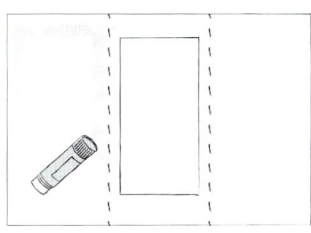

③ 맨 왼쪽 면에 고체 풀을 고르게 펴 바른다.

④ 창의 위치에 맞게 자수를 붙인다.

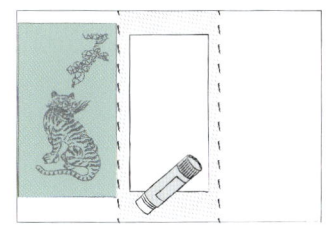

⑤ 창의 안쪽 면에 고체 풀을 고르게 펴 바른다.

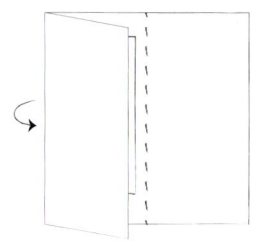

⑥ 그림과 같은 방향으로 종이를 접고 무거운 책으로 누른다.

⑦ 나머지 면도 접으면 완성된다.

3

병풍 만들기

병풍은 무엇을 가리는 용도로 많이 쓰였기 때문에 가리개라고도 불리지만 요즘에는 주로 장식용이나 감상용으로 사용됩니다. 일반적으로 병풍의 본체틀과 자수 작품은 모두 위아래로 긴 직사각형 형태이고 연결된 폭의 개수는 짝수입니다. 정식으로 병풍을 제작하기 위해서는 완성된 수를 가지고 화랑이나 수예용품점에 찾아가 의뢰해야 합니다. 축소된 크기의 병풍을 제작해주는 곳도 있으므로 제대로 된 작품을 완성하고 싶으면 미리 문의해서 맡기는 것도 좋은 방법입니다.

여기에서는 간단하게 종이를 사용해서 책상이나 탁자 위에 소품으로 세워둘만한 미니 병풍을 만들어보겠습니다. 병풍처럼 여러 겹의 종이를 겹치는 경우에는 너무 두꺼운 종이보다 200~220g/㎡ 정도의 종이를 사용하는 것이 편합니다. 그 이상의 두꺼운 종이로 작업할 경우에는 종이에 칼집을 내고 접을 때 오차가 크게 생기지 않도록 주의해야 합니다. 전통적인 병풍의 느낌을 더하고 싶다면 실제 병풍의 여러 가지 모양을 살펴보고 색상이나 테두리의 띠를 참고하여 원하는 대로 장식을 더해봅시다.

4폭 병풍 만들기

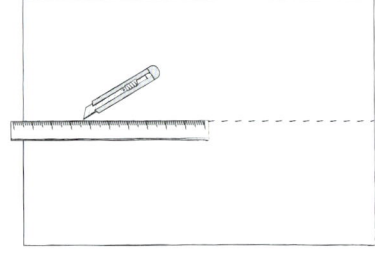

① A3 용지(420×297mm)의 짧은 면을
  반으로 자른다.

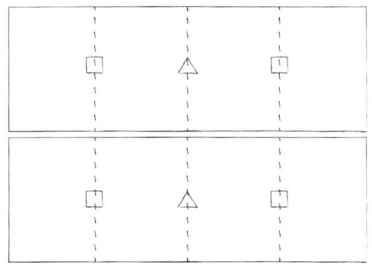

② 긴 면을 4등분한 선에 칼집을 낸다.
  병풍이 접히는 방향에 맞게 △선은
  종이의 앞면에 □선은 뒷면에 칼집
  을 낸다.

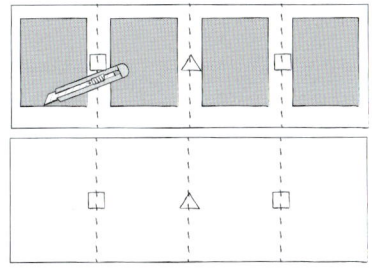

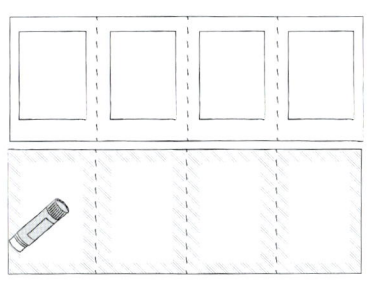

③ 작품의 크기와 여백을 고려하여 한 쪽 줄에 창을 뚫는다. 창 하나의 크기는 약 가로 8.5cm, 세로 11cm 정도로 하고, 창의 위치는 한 면의 중앙 또는 중앙보다 살짝 위쪽으로 한다.

④ 원단을 붙일 면에 고체 풀을 고르게 펴 바른다.

⑤ 창의 위치에 맞게 자수를 붙인다.

⑥ 창의 안쪽 면에 고체 풀을 고르게 펴 바른다.

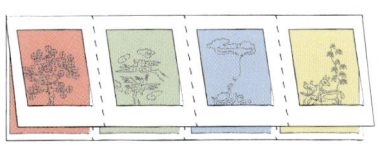

⑦ 두 면을 겹쳐 붙이고 풀이 마르는 동안 무거운 책으로 눌러 놓는다.

⑧ 병풍을 접어 세워 놓는다.

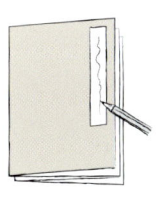

* 병풍의 뒷면에 색종이를 붙이거나 작품의 제목, 서명 등을 적어 꾸밀 수 있다.

6폭 병풍 만들기

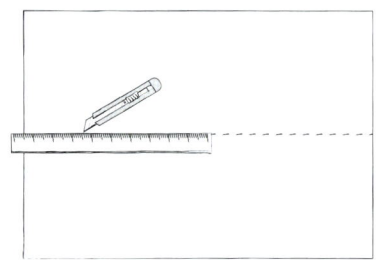

① A2 용지(594×420mm)의 짧은 면
　을 반으로 자른다.

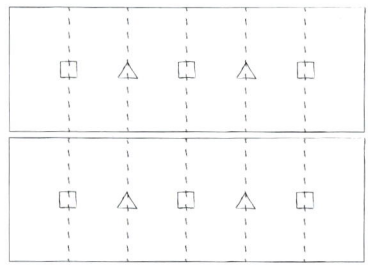

② 긴 면을 6등분한 선에 칼집을 낸다.
　병풍이 접히는 방향에 맞게 △선은
　종이의 앞면에 □선은 뒷면에 칼집
　을 낸다.

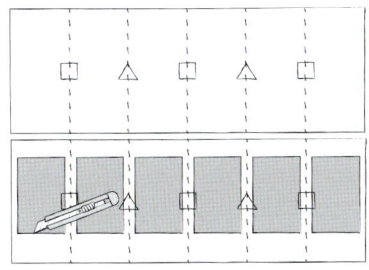

③ 작품의 크기와 여백을 고려하여 한 쪽 줄에 창을 뚫는다. 창 하나의 크기는 약 가로 8cm, 세로 13cm 정도로 하고, 창의 위치는 한 면의 중앙 또는 중앙보다 살짝 위쪽으로 한다.

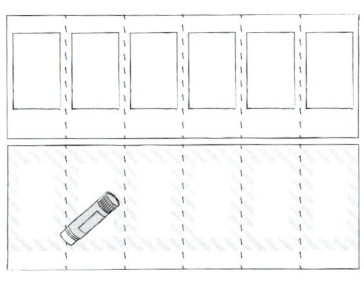

④ 원단을 붙일 면에 고체 풀을 고르게 펴 바른다.

⑤ 창의 위치에 맞게 자수를 붙인다.

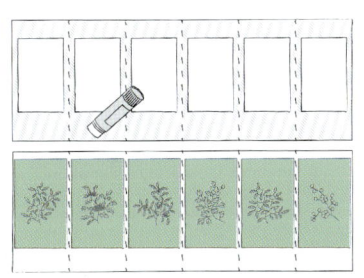

⑥ 창의 안쪽 면에 고체 풀을 고르게 펴 바른다.

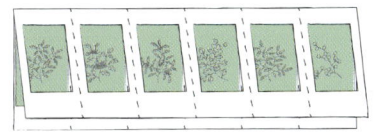

⑦ 두 면을 겹쳐 붙이고 풀이 마르는 동안 무거운 책으로 눌러 놓는다.

⑧ 병풍을 접어 세워 놓는다.

* 재료의 색이나 자수의 위치를 다르게 하거나 장식을 추가하여 병풍을 꾸밀 수 있다.

4

포스터 만들기

기본적으로 만드는 방식은 책갈피나 엽서와 같습니다. 크고 견고한 액자 역할을 하도록 만들기 위해서는 최대한 두꺼운 종이를 사용하는 것이 좋습니다. 작품의 모양이나 크기와 상관없이 포스터 여백의 비율을 자유롭게 조절할 수 있습니다. '액자 속지'나 '포토프레임 매트' 등을 찾아보면 원하는 크기와 형태로 재단된 단단한 용지를 찾을 수 있으니 직접 만들지 않고 더 간편하게 작업할 수도 있습니다. 그 밖에 표구 전문점에 맡기거나 사진용 액자에 끼워 넣어 완성할 수도 있습니다.

포스터 만들기

① A3 용지(297×420mm) 두 장을 준 비한다. A2 용지(420×594mm)를 접거나 잘라서 사용해도 된다.

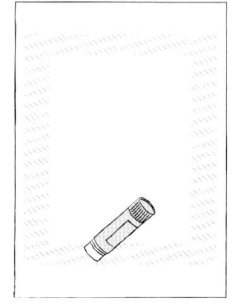

② 한 면에는 고체 풀을 바르고 창을 내 는 위치에 맞게 자수를 붙인다.

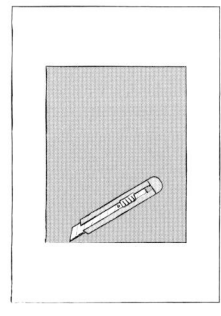

③ 다른 한 면에는 작품의 크기와 여백 을 고려하여 창을 뚫는다. 창의 크기 와 모양은 20×25cm 정도의 직사각 형이나 20×20cm 정사각형 등으로 한다.

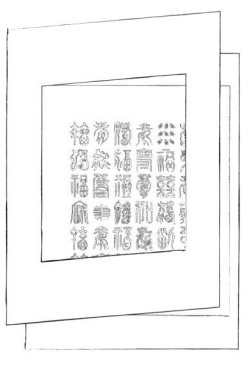

④ 고체 풀이나 양면테이프를 이용하여 두 면을 가지런히 붙인다.

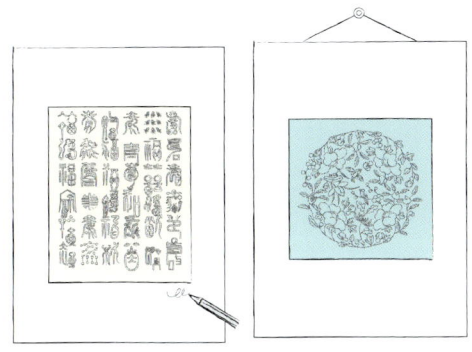

* 완성된 작품에 날짜와 서명을 적거나 벽걸이 장식을 붙이는
  등 원하는 방식으로 꾸밀 수 있다.

 느리게 만드는
특별한 이야기 11

전통자수 2
한국의 전통문양 수놓기

초판 1쇄 발행 2026년 2월 10일

지은이 조희화
펴낸이 이지은
펴낸곳 팜파스
진행 이진아
편집 정은아
디자인 팜파스 | 박진희
마케팅 김민경, 김서희

출판등록 2002년 12월 30일 제10-2536호
주소 서울시 마포구 어울마당로5길 18 팜파스빌딩 2층
대표전화 02-335-3681   **팩스** 02-335-3743
이메일 pampas@pampasbook.com

값 29,000원
ISBN 979-11-7026-739-3 (13590)